CATHY HUMMELS

MEIN *UM*WEG ZUM GLÜCK

Sei mutig, echt und einzigartig

Mit Olaf Köhne und
Peter Käfferlein

BENEVENTO

Die Ausführungen auf den Seiten 115–123 und die Texte im Anhang wurden abgedruckt mit freundlicher Genehmigung von Dr. Sebastian Fischer.
Die Zitate aus *Mindfuck. Warum wir uns selbst sabotieren und was wir dagegen tun können* (München 2011) wurden abgedruckt mit freundlicher Genehmigung der Autorin Petra Bock.

Sämtliche Angaben in diesem Werk erfolgen trotz sorgfältiger Bearbeitung ohne Gewähr. Eine Haftung der Autoren bzw. Herausgeber und des Verlages ist ausgeschlossen.

2. Auflage

Medieninhaber, Verleger und Herausgeber:
Red Bull Media House GmbH
Oberst-Lepperdinger-Straße 11–15
5071 Wals bei Salzburg, Österreich

Satz: MEDIA DESIGN: RIZNER.AT
Gesetzt aus der Minion Pro, Futura light
Umschlaggestaltung: Büro Jorge Schmidt
Umschlagmotiv: Thomas Dashuber, München
Printed by Finidr, Czech Republic
ISBN 978-3-7109-0113-3

Für meinen Sohn Ludwig

Weil du mir jeden Tag zeigst,
wie kostbar das Leben ist.

Inhalt

1
Sei mutig, echt und einzigartig

Im Lauf des Entstehungsprozesses dieses Buches stellten sich mir eine Reihe grundsätzlicher Fragen. Was wollte ich eigentlich erzählen und an wen wollte ich mich richten? Was sollten die Leserinnen und Leser mitnehmen aus einem Buch von Cathy Hummels? Und vor allem fragte ich mich: Inwieweit war ich zu dem Zeitpunkt bereit, Dinge preiszugeben, die ich bis dahin noch nie öffentlich erzählt hatte? Wollte ich diesen Schritt tatsächlich wagen? Irgendwann im Lauf des Jahres 2020 war es so weit, aus der Idee wurde ein Plan, und was ich mir einmal vornehme, das packe ich auch an. Die Zeit war reif. Für mich, für dieses Buch.

Am 31. Januar 1988 kam ich als Catherine Fischer in Dachau zur Welt; ich war immer schon die Cathy oder, wie mein Bruder mich heute noch nennt, Kathel. Seit Juni 2015 bin ich verheiratet, mein Mann und ich haben einen Sohn, Ludwig, er ist inzwischen auch bald schon drei Jahre alt. Ich pendele – derzeit (denn das kann sich wieder ändern) – zwischen München und Dortmund. Mein Lebensmittelpunkt aber liegt eindeutig in Bayern, allein schon wegen meiner Heimatverbundenheit. Ich habe Wirtschaftswissenschaften an der TU Dortmund studiert und arbeite heute als Unternehmerin und Moderatorin. Und ich bin eine sogenannte Influencerin.

Influencerin – viele konnten sich unter diesem Begriff lange nichts vorstellen, kein Problem, ging mir, ehrlich gesagt, nicht anders. Alles in allem würde ich von mir behaupten, dass ich in meinen mehr als dreißig Lebensjahren eine ganz Menge erlebt habe. Mir »followen« bei Instagram mittlerweile weit mehr als eine halbe Million Userinnen (vornehmlich) und User. Das ist ein schöner Erfolg, mit dem aber auch eine Portion Verantwortung einhergeht. Ich nehme das nicht auf die leichte Schulter. Von meinen Followern erhalte ich unmittelbar Feedback auf das, was ich poste. Wir befinden uns in einem ständigen Austausch, als Influencerin fährt man also nicht auf der Einbahnstraße. Meine Community ist ehrlich, unterstützt mich, kritisiert mich hier und da aber auch. Sie bestärkt mich, gerade auch immer wieder in einem Punkt: in der Art und Weise, wie ich mit Anfeindungen, die ich erlebe, umgehe. Und sie ermutigt mich darin, weiterhin einfach mein Ding zu machen. Gleichzeitig denke ich und sage das auch meinen Followern: Genau das solltet ihr auch tun. Niemand von euch sollte sich verstecken, nur weil sie oder er anders ist oder nicht dem Mainstream entspricht. Ganz ehrlich, ich will gar nicht Mainstream sein. Wollte ich auch nie. Ich möchte nicht so sein, wie alle anderen sind. Ich glaube, wenn sich jeder ein bisschen mehr zutraut, würden sich viele der Probleme, die wir mit uns herumschleppen, in Luft auflösen.

Als vor ein paar Jahren der erste große von vielen Shitstorms (davon werde ich noch berichten) gegen mich losbrach, gab es kaum einen Tag, an dem die Presse nicht über mich herfiel und sich über mich lustig machte. Am Ende aber wendete sich das Blatt. Das wiederum hatten mir viele nicht zugetraut. Manch einer hätte sich über mein Scheitern gefreut. Mir jedoch war es irgendwann völlig wurscht, was andere über mich sagten, schrieben, tuschelten. Mir ist wichtig, von dem überzeugt zu sein, was ich tue. Und genau hier soll dieses Buch ansetzen. Ich möchte meine Leser, vor allem Mädchen und junge Frauen, darin bestärken, mehr auf sich zu schauen und weniger auf das, was andere über einen denken. Genau das aber fällt vielen schwer, so wie es übrigens auch mir früher schwerfiel. Sie lassen sich zu schnell unterkriegen, sie werden gemobbt und angefeindet und verlieren ihr Selbstvertrauen. Am Ende isolieren sie sich komplett. Ich kenne das. Ich weiß, wie es sich anfühlt, wenn man nur noch traurig ist und nicht weiß, wie man aus diesem Strudel wieder herauskommt. Wer dieses Buch liest, soll daraus etwas für sich mitnehmen können: Motivation, Freude und Mut zu mehr Selbstbewusstsein. Ich möchte weitergeben, was mich meine Erfahrungen gelehrt haben, und hoffe, dass andere dadurch ein bisschen lernen, mit Konflikten besser umzugehen und nicht vorwiegend ihre Schwächen zu sehen, sondern ihre Stärken. Und vielleicht erkennt manch einer von euch, dass eine vermeintliche Schwäche eure wahre Stärke ist!

Wichtig ist mir auch, alles mit einer Portion Humor anzugehen und sich selbst nicht allzu ernst zu nehmen. Humor kann befreiend wirken, er hilft, eine neue Sichtweise auf die Dinge zu entwickeln. Wenn ihr beim Lesen meines Buches mal schmunzeln müsst, mal nachdenklich seid oder auch mal eine Träne verdrückt, dann würde ich sagen: Mission erfüllt! Ich möchte euch dort abholen, wo ihr selbst gerade vielleicht nicht weiterwisst, verunsichert seid oder euch klein fühlt. Klar, ich bin keine Psychologin, aber ich werde euch von meinen Erfahrungen erzählen.

Übrigens, wer hofft, in diesem Buch etwas über meinen Mann zu erfahren, den muss ich an dieser Stelle enttäuschen. Hier geht es um *mein* Leben und um *meinen* Weg bis zu dem Punkt, an dem ich heute stehe. Natürlich spielt mein Mann, ebenso wie mein Sohn, eine zentrale Rolle in meinem Leben.

Aber den Weg, den ich hier beschreibe, bin ich allein gegangen. Ich bin selbst für mein Glück verantwortlich und mache es auch von niemandem (mehr) abhängig.

Lange Zeit war ich mir selbst mein größter Feind. Ich stand mir im Weg. Litt unter Prüfungsangst, in der Schule, beim Abitur, an der Uni – ich wollte viel, manchmal zu viel, alles, bloß nicht versagen. Ohne Selbstvertrauen versank ich immer tiefer in einem Strudel. Letztlich ist es mir gelungen, mich daraus zu befreien und mich mit mir selbst zu versöhnen, zu lernen, mich zu akzeptieren. Heute kenne ich mich. Wie aus dem Ich, meinem Feind, mein bester Freund wurde, auch davon werde ich ehrlich berichten. Die Schwere, die ich durchlebte, ist ausschlaggebend dafür, warum ich so bin, wie ich bin. Manchmal denke ich, wie wohl alles gekommen wäre, wenn ich mit fünfzehn oder sechzehn unbeschwerter gewesen wäre. Vielleicht wäre mir die dunkle Phase meines Lebens erspart geblieben. Wer weiß das schon. Ich will nicht klagen; ich bin dankbar dafür, wie mein Leben verlaufen ist, und nur wer mal unten war, der weiß, wie man es schafft, aufzustehen und weiterzugehen. Und genau dazu möchte ich euch ermutigen: Habt Selbstvertrauen. Geht euren Weg. Verfolgt eure Träume. Seid stark und seid schwach. Seid mutig, echt und einzigartig.

2
Wie alles losging

cathyhummels ✓ • Folgen ⋯

cathyhummels ✓ Der Dresscode war rot ... zumindest etwas rot 😅😍 ❤️ Mit Mama & Papa ❤️ #tb #birthdayparty

124 Wo.

Gefällt 15.759 Mal

7. FEBRUAR 2018

Der dreißigste Geburtstag ist für die meisten eine wichtige Wegmarke. Mit dreißig ist man irgendwie erwachsen, oder sollte es sein, ist im Leben angekommen. Ausreden zählen nicht mehr. Meinen runden Geburtstag feierte ich ganz groß in München, mit meiner Familie, Freunden, die mich seit vielen Jahren begleiten, mit Menschen, die mich auf meinem bisherigen Weg unterstützt haben. Ich wurde dreißig und ich wurde auch Mutter – gab es einen besseren Grund für eine Party?

Mein Fest hatte ein Motto: Rot und Glitzer. Ich wollte die Liebe feiern, und die Farbe der Liebe ist nun mal Rot, und der Glitzer, na ja, der war das kleine, aber feine i-Tüpfelchen obendrauf. Ich habe es ja immer schon gern ein bisschen glitzern und glamouren lassen, meine Familie kann davon ein Lied singen.

13

Die Gäste erfüllten den Dresscode mit Bravour. Mein Vater trug ein cooles rotes T-Shirt, meine Mutter eine rote Federboa. Die beiden sind seit 1982 verheiratet, darauf können sie wirklich stolz sein. Ich bin es jedenfalls. Sie sind, auch wenn jede Ehe Höhen und Tiefen durchschreitet, für mich das beste Beispiel, wie erfüllend eine lebenslange Beziehung sein kann. Und deswegen fand ich es besonders toll, dass sie gemeinsam mit mir feierten und sich dem Motto entsprechend in Schale schmissen.

Meine Kindheit war sehr behütet. Gemeinsam mit meinem Bruder Sebastian und meiner Schwester Vanessa wuchs ich in Unterschleißheim auf, einer Kleinstadt im Norden Münchens, und ich weiß noch, wie frei und leicht das Leben sich damals anfühlte. Wir drei haben immer etwas mit anderen Kindern unternommen, meine Mutter achtete darauf, dass wir viele andere Gleichaltrige um uns hatten, am liebsten spielten wir natürlich draußen. So etwas wie Langeweile jedenfalls gab es nicht. Und wann immer sich eine Gelegenheit ergab, packten uns unsere Eltern ins Auto und wir fuhren in die Berge, im Winter zum Skifahren, im Sommer zum Wandern. Meine Eltern waren begeisterte Camper, in den ersten Jahren haben wir gezeltet, später hatten wir einen Wohnwagen und wir verbrachten die Urlaube mit Freunden meiner Eltern auf Campingplätzen.

In den Sommerferien fuhren wir oft für mehrere Wochen an die Adriaküste ins damalige Jugoslawien. Aus dem Fernsehen kannten wir natürlich die alten Karl-May-Filme und waren begeistert, auf dem Weg ans Meer durch wilde »Westernlandschaften« zu fahren, dort, wo damals *Winnetou* gedreht worden war. Aus Kindersicht fühlten sich die Sommerferien an wie eine Ewigkeit. Der Gedanke, irgendwann sind die sechs Wochen rum und die Schule geht wieder los, der war unvorstellbar. Kroatien war immer wieder ein einziges großes Abenteuer. Später verbrachten wir die Ferien auch in Italien, weil wir Kinder uns mal einen Sandstrand wünschten. Meine Eltern bevorzugten zwar die Steinstrände der Adria, aber meine Geschwister und ich waren in der Überzahl und das ein oder andere Jahr konnten wir unseren Willen durchsetzen.

Zu Kroatien entstand damals, trotz der harten Kieselsteinstrände, eine innige Liebe. An der Küste von Posedarje in der Nähe von Zadar kauften wir vor ein paar Jahren ein Ferienhaus, hier finde ich Ruhe, wenn ich dem Alltagsstress mal entfliehen möchte, hier gebe ich auch Yoga-Retreats. Ein bisschen ist mir – auch dank der schönen Kindheitserinnerungen – Kroatien zur zweiten Heimat geworden.

Bei allen unseren Unternehmungen, seien es wochenlange Familienurlaube oder Tagesausflüge mit Tante und Cousinen, war meine Mutter eigentlich immer die treibende Kraft. Mein Vater, der beruflich sehr eingespannt war, überließ die Organisation gerne seiner Frau, er kümmerte sich im Gegenzug um Ausrüstung und Verpflegung. Ihr mangelte es auch nie an Ideen, mit welchem kleinen Abenteuer sie uns mal wieder überraschen könnte.

cathyhummels ✓ • Folgen
Posedarje

cathyhummels ✓ I love this place
❤️ - what's your happy place?

104 Wo.

Gefällt 16.000 Mal
1. JULI 2018

Meine Mutter, Marion Fischer, gebürtige Messmann, kam 1961 in München zur Welt. Ihre Eltern wohnten in Unterschleißheim, damals war der Ort noch mehr Dorf als Stadt, ein Krankenhaus gab es nicht, nur einen Arzt. Kindheit und Jugend verbrachte meine Mutter in Unterschleißheim, dort lebt sie, mit meinem Vater, bis heute. Eigentlich wäre sie gern mal woanders hingezogen, aber das ergab sich irgendwie nie.

Das Thema Rollenverteilung von Frau und Mann war für meine Mutter und ihren Werdegang immer ein ganz zentrales. Denn auf gar keinen Fall würde sie – wie ihre eigene Mutter und viele andere dieser Generation – später irgendetwas in Richtung Hauswirtschaft machen. Das Modell Mann, Kind und Haushalt, no way, sagte sich meine Mutter. Mann, Kind, Haushalt *und* Job, ja, das unbedingt. Sie wollte ihr eigenes Geld verdienen, auf eigenen Beinen stehen und von niemandem abhängig sein.

Um beruflich voranzukommen, wäre sie am liebsten aufs Gymnasium gegangen, aber der Rektor riet ab, schlimmer noch, er warnte gar, das Gymnasium sei nicht die richtige Lehranstalt für Mädchen. Das sei wenig sinnvoll, denn sie bekämen Kinder und das war's, meinte er. Was für ein moderner, weitsichtiger Pädagoge … Meine Mutter durfte also nicht aufs Gymnasium wechseln, eine weiterführende Schule ließ sie sich aber nicht verbieten und bewarb sich heimlich an der Realschule. Dafür benötigte sie die Unterschrift ihrer Eltern, und die bekam sie auch, aber das ganze Prozedere hat sie letztlich allein durchgezogen.

Ich bewundere sie dafür, wie sie ihr Ding gemacht hat. Meine Mutter war schon immer eine taffe Frau. Dem Realschulabschluss folgte eine Banklehre, anschließend erwarb sie an der BOS die fachgebundene Hochschulreife, um an der LMU in München Steuerrecht und Revisions- und Treuhandwesen studieren zu können. Als Studienschwerpunkt entschied sie sich für Steuerrecht, um sich später mit eigenem Büro niederlassen zu können. Denn zu dem Zeitpunkt war die Familiengründung in vollem Gange. Mein großer Bruder Sebastian war schon auf der Welt, und meine Mutter nahm ihn gelegentlich mit zu den Vorlesungen. Nach der Uni machte sie wie geplant ihren Steuerberater und ging in die Selbstständigkeit.

Die Entscheidung für Familie *plus* Karriere, sagt sie heute, sei goldrichtig gewesen, und sie würde es jederzeit genauso wieder machen. In dieser Beziehung ist meine Mutter Vorbild für mich. »Nur« den Haushalt zu managen, wäre für sie auch schon deswegen nie infrage gekommen, da sie der Meinung war, der Job einer Hausfrau und Mutter werde gesellschaftlich zu wenig wertgeschätzt. Schon als Kind hatte sie sich in den Kopf gesetzt, sich nicht mit den typischen Mädchen-Dingen abspeisen zu lassen. Dass die Jungs in der Schule werken und basteln durften, während die Mädchen stricken mussten, das sah die kleine Marion nicht ein. Sie bestand darauf, das zu tun, was *sie* tun wollte, und nicht das, was andere für sie entschieden hatten. Zum Beispiel wollte sie auch Fußball spielen – und natürlich durfte sie auch das nicht. Für Mädchen gab es damals noch nicht mal einen Fußballverein!

Alfred Fischer, mein Vater, ist ein waschechter Münchner. Von Beruf Bauingenieur, aus Berufung Musiker. Seine Kindheit unterschied sich fundamental von der meiner Mutter. Hier die Messmanns, eine eher kleinbürgerliche Handwerkerfamilie in Unterschleißheim, dort die großbürgerliche, wohlhabende, aber auch – vor allem für damalige Zeiten – eher unkonventionelle Familie Fischer/Sieber in München.

Seine Mutter, meine Oma Hildegard Fischer, war Modedesignerin, und ihr Mann, Großvater Ludwig Sieber, ein bekannter Architekt in Nürnberg und München. Die beiden waren nie verheiratet und zum Zeitpunkt von Papas Geburt auch längst schon kein Paar mehr, vermutlich passte ein Kind auch gar nicht in ihr Leben. Ich mag darüber nicht urteilen, nachvollziehen kann ich ihre Entscheidung, das eigene Kind nicht selbst großzuziehen, sondern wegzugeben, nicht.

Mein Großvater arbeitete in den USA, als mein Vater – ein klassischer »Betriebsunfall« – in München zur Welt kam. Sein Beruf als Architekt brachte es mit sich, dass er mal hier, mal da lebte und Häuser für eine sehr reiche Klientel entwarf. Mein Vater war fast zwei Jahre alt, als sein Vater nach Deutschland zurückkehrte. Weil auch meine Oma berufstätig war, verbrachte der Kleine sein erstes Lebensjahr bei den Eltern seiner Mutter. Als gelernte Schneiderin und Schnittdirektrice hatte sich Hildegard im Modedesign spezialisiert. Sie arbeitete mit angesehenen Geschäftsleuten ihrer Branche zusammen und war beispielsweise mit Willy Bogner befreundet. Sie liebte die Modewelt und führte ein modebewusstes Leben. Für ihren Sohn hatte sie in jungen Jahren wenig Zeit. Damals hatte man es als ledige Mutter aber auch alles andere als leicht. Sie musste sich selbst durchs Leben schlagen. Schließlich wurde mein Vater krank. Vielleicht lag es an einer zu einseitigen Ernährung, das weiß niemand mehr so genau, die Ärzte diagnostizierten Tuberkulose bei ihm. Er brauchte professionelle Hilfe und kam für ein Jahr in ein Sanatorium in den Bergen, nach Achatswies. Man überlegte hin und her, wie man nach der Genesung des Kindes weiter vorgehen würde und ob es nicht das Beste wäre, ihn in ein Heim zu geben. Gott sei Dank kam es anders. Der Vater seines Vaters sprach ein Machtwort und er kam zu seinen Großeltern väterlicherseits. Jetzt hatte er endlich und zum ersten Mal ein richtiges Zuhause und blühte auf. Leider starb der Großvater, kurz bevor mein Vater eingeschult wurde. Danach war seine Oma die alleinige Erziehungsberechtigte. Seinen

Großeltern ist er bis heute unendlich dankbar, nur durch sie sei etwas aus ihm geworden.

Trotzdem waren diese Kindheitsjahre sicherlich keine leichten für meinen Vater, er hat sich aber nie beklagt, für ihn war es »normal«. Im Alter von elf oder zwölf Jahren bekam er seine erste eigene Gitarre und fing an, Musik zu machen. Die Musik war seine Rettung, sein Weg, sich zu emanzipieren. Das finde ich ganz stark von ihm, und darauf kann er stolz sein. Er ist Autodidakt, brachte sich alles selbst bei. Unterricht war damals leider keine Option, obwohl er ihn sehr gern genommen hätte. Er war durchaus erfolgreich, spielte in München in einer Band, mit der er auf Veranstaltungen, Familienfesten und Hochzeiten auftrat. Mit der Musik verdiente er sein erstes eigenes Geld – er war ein richtiger Rock 'n' Roller und tanzte auch gern Rock 'n' Roll. Und dennoch entschied er sich, auf ein anderes Pferd zu setzen als nur auf die Musik, und studierte parallel Ingenieurwesen. Für diese Stärke und seine lebensbejahende Art bewundere ich meinen Vater.

Die Musik begleitet ihn bis heute. So ganz hat sie ihn nie losgelassen, und das ist auch gut so. Vor etwa zwei Jahren fing er wieder an, mehr zu spielen, und tat sich mit einem Akkordeonspieler zusammen. Gemeinsam treten die beiden auf, ihr Repertoire reicht von volkstümlicher Musik über Rock 'n' Roll bis hin zu Schlagern. Eigentlich spielen sie alles, was die Leute hören möchten. Besonders hat mich gefreut, als mein Vater bei meiner Hochzeit spielte. Das hatte ich mir gewünscht. Gemeinsam mit seinem Freund Harry, der Keyboard spielt, übte er im Vorfeld wie wild, da die Songs nicht zu ihrem üblichen Repertoire zählten. Als wir nach dem Standesamt auf der Dachterrasse des Bayerischen Hofs ankamen, spielten sie »In the Mood« von Glenn Miller. Und kurz darauf »Ganz in Weiß« (das war der Vorschlag meiner Mutter, mein Vater hat es ja eher mit Rock 'n' Roll und Swing). »Das hast du aber schön gedichtet«, meinte ich zu meinem singenden Vater. Meine Mutter musste lachen: »Schön wär's, dann hätten wir ausgesorgt.« »Swinging Safari«, »Que Sera« oder »Mamor, Stein und Eisen bricht« – ihre Darbietungen verliehen der Feier einen persönlichen Touch. Später kam dann auch noch eine professionelle Band zum Einsatz.

Ich muss mir ein wenig auf die eigene Schulter klopfen, denn nachdem ich meinen Vater zum Spielen auf unserer Hochzeit animiert hatte, entflammte das Musikfieber wieder in ihm und er begann, seine große Leidenschaft zu reaktivieren. Bis heute hält die Spielfreude an, was ich natürlich toll finde.

Meine Eltern – frisch verliebt!

Meine Eltern lernten sich sehr jung kennen. Mama war achtzehn, Papa zweiundzwanzig Jahre alt. Sie lebte in Unterschleißheim, ging in Freising auf die Realschule und sehnte sich als Dorfkind nach dem Duft der großen weiten Welt. Sie wollte partout keinen Freund aus Unterschleißheim, lieber einen aus München oder von noch weiter weg. Jemanden, der ihren Ho rizont erweitern konnte. Eines Tages nahm eine Freundin sie mit zu einer Party, zu der auch Jungs aus München kommen sollten. An diesem Abend lernte sie meinen Vater kennen. Er war der Auserkorene und nach kurzer Zeit wurden die beiden ein Paar.

Die beiden studierten noch eine Zeit lang parallel, wobei Papas Ingenieursstudium schon weiter fortgeschritten war. In den Semesterferien nahm er Jobs an, um Geld für die junge Familie zu verdienen, während meine Mutter mit meinem Bruder zu Hause blieb. In dieser Zeit war sie dann »nur« Hausfrau. Bis heute betont sie, wie sehr sie diese Zeit genossen hat, wohlwissend, dass sie nach zwei, drei Monaten zurück an die Uni gehen und wieder etwas lernen würde. Wenn sie eine Klausurphase hinter sich gebracht hatte, freute sie sich wiederum auf ihre Familienzeit. Es waren zwei Leben, die sie nebeneinander führte und die ihr beide gleich wichtig waren. Sie sagte immer: »Wenn irgendwas im Job passiert, wird die Familie da sein und Halt geben.« Heute leitet sie ein eigenes Steuerbüro und ist auch mir beruflich eine große Hilfe. Wenn sie in ihrer Kanzlei einen komplizierten oder besonders herausfordernden Fall abgeschlossen hatte, berichtete sie uns zu Hause stolz von ihrem Erfolgserlebnis. Gleichzeitig wäre das ohne die Familie für sie nur halb so viel wert.

Nach dem Studium an der TU München arbeitete mein Vater kurz bei einer bekannten Münchner Bauunternehmung, um dann sein Referendariat beim Freistaat Bayern abzuleisten. Schlussendlich landete er bei einem Münchner Unfallversicherungsträger und arbeitete dort als Technischer Aufsichtsbeamter. Ein festes Grundeinkommen in der Familie war also gesichert. Für meine Mutter war das wichtig, da sie zu dem Zeitpunkt darüber nachdachte, sich selbstständig zu machen. Die Stelle meines Vaters gab ihnen Sicherheit. Meine Eltern konnten hier und da ein bisschen auf Risiko fahren, hatten aber immer die Sicherheit des Beamtengehalts. 2021 geht er in Pension, weil er sich mehr um die Familie kümmern möchte und weil es, wie er sagt, »irgendwann mal reicht«. Er ist jetzt dreiundsechzig, sein Vater war fünfundsechzig, als er an einem Herzinfarkt starb, und seine Priorität heute ist es, seine Zeit sinnvoll für die Familie zu nutzen und auch zu genießen. Ich selbst hatte als Kind einen engen Draht zu meinen Großeltern, und genau das wünsche ich mir auch für meinen Sohn.

Rückblickend betrachtet haben sich meine Eltern von Beginn an einfach perfekt ergänzt: Während meine Mutter als junge Frau der Enge ihrer Herkunft entfliehen wollte, suchte mein Vater das genaue Gegenteil. Ihm gefiel die Idee einer beständigen Familie, weil er genau das als Kind nie erlebt hatte. Für kurze Zeit wohnten sie in einer Mietwohnung in Moosach. 1982 heirateten sie, und als meine Mutter mit meinem großen Bruder schwanger wurde, zogen sie zurück nach Unterschleißheim. Ihre Eltern hatten dort in den Siebzigern ein Dreifamilienhaus gebaut, das Dachgeschoss wurde renoviert, und nach Sebastians Geburt zog die Kleinfamilie dort ein. Meine Mutter war nicht allzu froh darüber, wieder in Unterschleißheim gelandet zu sein, mein Vater hingegen fühlte sich zum ersten Mal in seinem Leben rundum wohl und heimisch. Meine Mutter hatte den Absprung aus der Heimat vielleicht nicht geschafft, aber sie hatte erreicht, wonach sie sich immer gesehnt hatte: frei zu sein, unabhängig und gleichzeitig familiär eingebettet.

1992, als alle drei Kinder da waren, kauften meine Eltern eine Doppelhaushälfte in Unterschleißheim, in der sie bis heute leben. Damals entstand eine neue Siedlung für junge Familien mit Kindern. Für mich und meine Geschwister war diese Siedlung das Paradies. In der Früh standen wir auf, gingen raus in den Garten und spielten mit den Nachbarskindern.

Mein Bruder Sebastian ist viereinhalb Jahre älter als ich, und meine kleine Schwester Vanessa und ich liegen zwei Jahre auseinander. Zu meinem großen Bruder hatte ich immer ein besonders inniges Verhältnis. Das hat sich bis heute nicht geändert. Ich habe ihn bewundert, egal, was er machte, ich fand alles toll. Ich wollte so sein wie er und wich ihm nie von der Seite. Einmal waren wir wieder im Skiurlaub, und Sebastian besuchte natürlich einen Skikurs einige Altersklassen über mir. Er war zehn und ich sechs, die kleine sture Cathy wollte aber unbedingt in seinem Kurs mitfahren. Weil ich schon ziemlich sicher auf den Brettern stand, hatte der Skilehrer nach langem Betteln ein Einsehen – und mein Bruder mich wieder an der Backe.

Sebastian tat oft genervt, aber ich glaube, eigentlich fand er es gar nicht so schlecht, der angehimmelte »große Bruder« zu sein. Es gab ein Bruder-Schwester-Ritual. Wir gingen auf den Trödelmarkt, um unser Taschengeld aufzubessern, und verkauften alte Sachen, die wir zu Hause nicht mehr gebrauchen konnten. Es gab verschiedene Märkte in der Nähe, beim Bahnhof in Unterschleißheim zum Beispiel oder beim McDonald's um die Ecke. In Sachen Verhandlungen war mein Bruder eher vorsichtig und verkaufte zum Vorteil der Käufer, während ich immer die knallharte Geschäftsfrau gab, die tendenziell einen zu hohen Verkaufspreis für die angebotenen Produkte ansetzte. Wir machten alles zu Geld, was uns unter die Hände kam: altes Spielzeug, Kleidung, Bücher oder auch Dinge, die wir bei unseren Großeltern aus dem Keller ausgegraben hatten, wie beispielsweise eine alte Brotschneidemaschine oder Teppiche. Der Flohmarkt war für mich gleichzeitig eine Schatztruhe, weil ich als passionierte Schlümpfe-Sammlerin nach den kleinen blauen Figuren Ausschau halten konnte. Meistens mit Erfolg. Aktionen wie der Flohmarktverkauf machten unheimlich Spaß und ich war auch ziemlich einfallsreich. Um die Zeit bis zum nächsten Termin zu überbrücken, kam ich auf die Idee, einen kleinen Shop in unserer Straße aufzubauen, um ein bisschen Geld zu verdienen. Damals gründete ich sozusagen mein erstes Business zusammen mit einer Freundin: Für fünf Mark wuschen wir die Autos der Nachbarn. Ich war die treibende Kraft und für die Akquise verantwortlich, ging von Nachbarstür zu Nachbarstür und holte die Aufträge ran. Für die fünf Mark schufteten wir aber auch richtig, wienerten die Autos stundenlang, von innen, von außen, ließen keine Ecke aus. An einem guten Tag schafften wir auf diese Weise drei Wagen und waren abends um fünfzehn Mark reicher. Wir fühlten uns wie Krösus.

Mit siebzehn fing ich an, richtig zu arbeiten. Ich suchte mir Jobs im Einzelhandel und verkaufte Klamotten bei Pharo, später bei Closed und Diesel. Was auch nötig war, denn ich war nie der Spartyp, sondern gab das Geld, das reinkam, mit vollen Händen sofort wieder aus. Hier ein Wohnaccessoire für mein Zimmer, da ein Kleidungsstück, dann Schminke, Lippenstift – die schönen Dinge, die ich mir vom Taschengeld allein nicht kaufen konnte. Andere legten ihr Geld zur Seite, mein Bruder zum Beispiel, auf die Idee kam ich erst gar nicht.

Das Verhältnis zu meiner Schwester war ganz anders als zu meinem Bruder. Große Schwester, kleine Schwester. Wenn sie mich nachmachte und mir meine Sachen wegnahm, was kleine Schwestern halt gerne so machen, wurde ich zickig, das konnte die ältere Schwester gar nicht leiden. Jeder, der Geschwister hat, kennt das sicherlich. Als Sandwichkind, was ich ja bin, hat man es nicht immer leicht. Das älteste Kind hat sowieso seine Privilegien, dem jüngsten Kind stehen alle Türen offen, weil die älteren Geschwister sie über Jahre in etlichen Diskussionen geöffnet haben. Ich, als die Mittlere, hing dazwischen. Bei uns war es so, dass mein großer Bruder stets der Vorzeigesohn war. Er war extrem ehrgeizig. Ich wollte immer so sein wie er. Weil ich aber ein Mädchen war, durfte ich viele Dinge nicht machen, die ihm erlaubt waren. Da er als Kind und Jugendlicher (wie heute auch noch) eher introvertiert, vorsichtig und nicht so der Partytyp war, wurde er von meinen Eltern geradezu ermuntert, auf Partys zu gehen, und sie hatten auch kein Problem damit, wenn er länger wegblieb oder irgendwo übernachtete. Bei mir waren meine Eltern wesentlich strenger, ich musste darum kämpfen, abends länger wegbleiben zu dürfen. Das empfand ich schon einmal als unfair. Gleichzeitig wurde meiner kleinen Schwester, dem Nesthäkchen, später das erlaubt, was mir verboten worden war oder worum ich lange hatte betteln müssen. Sie durfte sich mit dreizehn ein Bauchnabelpiercing stechen lassen, ich erst mit fünfzehn oder sechzehn, und das nach einem langen Kampf mit meinen Eltern.

Ich fühlte mich immer ein wenig als Zwischenstation und die Lorbeeren meines Kampfes für mehr Rechte erntete eigentlich meine Schwester. Cathy boxte den Weg frei. Meiner Ansicht nach ist unsere Familie aber nur ein Beispiel für die meisten Dreierkonstellationen bei Geschwistern. Sandwichkinder haben es meiner Meinung nach immer etwas schwerer. Andererseits werden sie für das Leben stark gemacht. Ich für meinen Teil lernte damals, mich richtig durchzusetzen und mich so zu behaupten. Da bietet die Position des mittleren Kindes hervorragende Trainingsmöglichkeiten. Trotzdem litt ich unter dieser Position, das wurde mir erst später bewusst. Rückblickend verstehe ich, dass viele Verhaltensmuster, die ich heute habe, auf meine Kindheit zurückzuführen sind. Beispielsweise hatte ich lange Zeit das Gefühl, mich für alles rechtfertigen zu müssen. Für das, was ich tue, was ich sage oder wie ich entscheide. Und ich kämpfe immer für das, was ich möchte, obwohl ein Kampf oft gar nicht erforderlich ist.

In Unterschleißheim wohnten wir in einer ruhigen Spiel-
straße in einer Doppelhaushälfte mit rund hundert Quadrat-
metern Wohnfläche. Kein Luxus, aber der Platz reichte für uns
aus, wobei es mit fünf Leuten auf einem Haufen manchmal ein
bisschen eng werden konnte. Anfangs teilte ich mir ein Zimmer
mit meiner Schwester, bevor ich mein eigenes Reich bekam,
nur ein kleines zwar, aber es war mein eigenes. Auf eine schöne Einrichtung legte ich schon als Kind großen Wert, und ich
hatte konkrete Vorstellungen, wie mein Zimmer aussehen sollte. Mein ganzer Stolz zum Beispiel war ein Glasschreibtisch,
den hatte ich mir lange gewünscht und dann endlich bekommen, dazu eine grüne Hochglanzkonsole von Ikea in Wellenop-
tik, Bett, Kleiderschrank, ein bisschen Deko, und irgendwann
bekam ich sogar einen eigenen Fernseher. Damit war aber auch
jeder Quadratzentimeter optimal ausgenutzt.

In meinem Kaufmannsladen – schon damals geschäftstüchtig

Der Fernseher löste den Glastisch als mein persönliches Highlight ab. Das wirklich Allerwichtigste aber war, und daran hat sich bis heute nichts geändert: Es musste gemütlich sein. Ich liebte damals schon Rosa und Pink, egal in welcher Form und zu welchem Anlass, und ich besaß eine riesige Auswahl an Kuscheltieren. Pferde, Zebras, Teddybären und natürlich auch Puppen – sie alle fanden in meinem Nest ein Zuhause und es machte mir Spaß, alles schön herzurichten und sauber und ordentlich zu halten. Je älter ich wurde, desto mehr störte ich mich daran, dass die Wände dünn waren und unser Haus insgesamt recht hellhörig. Bei geschlossener Tür hörte ich, wenn mein Vater Musik machte oder mein Bruder Fernsehen schaute.

Hinter dem Haus gab es einen Garten, wo ich mit meiner damaligen und heute immer noch besten Freundin Steffi spielen konnte. Wir waren Nachbarskinder und lernten uns im Alter von drei Jahren kennen. Wahnsinn, wenn man sich das überlegt. Ich kenne ein Leben ohne sie überhaupt nicht. Und vor Kurzem wurde auch sie Mutter. Steffi arbeitet für eine Eventagentur und unterstützt mich manchmal bei meinen Projekten. Privates und Berufliches überschneiden sich bei uns bisweilen, und wir helfen uns gegenseitig in jeder Lebenslage. Steffi war auch meine Trauzeugin.

Ich habe nicht viele Freunde aus meiner Kindheit, aber die wenigen, die übrig geblieben sind, bedeuten mir unglaublich viel. Neben Steffi zählen auch noch Jessica, Maria und meine Schwester zu meinem Inner Circle. Jessica kenne ich jetzt auch schon seit acht Jahren, und Maria lernte ich vor gut zehn Jahren kennen. Unser aller Kontakt ist eng, auch wenn wir uns nicht jeden Tag sehen können. Aber wir telefonieren viel, schreiben uns über WhatsApp, schicken uns Fotos und Sprachnachrichten. Wenn die Zeit es zulässt, verreisen wir auch gerne gemeinsam. Für sie würde ich meine Hand ins Feuer legen, und ich bin mir sicher, umgekehrt gilt das ebenso.

In Sachen Freundschaft bin ich eine treue Seele, ich mag es, Menschen um mich zu haben, die mich bis aufs Mark kennen und denen ich mich nicht erklären muss. Darin besteht der Kern dessen, was Freundschaft auszeichnet. Immer füreinander da zu sein, den anderen genauso zu lassen, wie er ist, ihn zu akzeptieren und vor allem die Gewissheit zu haben, dass der andere da ist, auch wenn man mal ein paar Tage nichts voneinander hört. Es gibt Zeiten, in denen ich wegen Ludwig oder aus beruflichen Gründen für eine Weile abtauche und mich nicht melden kann. Keine von meinen Freundinnen würde in solchen Fällen beleidigt reagieren. Und selbst wenn wir uns mal für ein paar Monate nicht sehen, fühlt es sich beim nächsten Mal so an, als sei das letzte Treffen erst gestern gewesen.

Grundsätzlich war ich immer jemand, der schnell anderen sein Herz öffnet, ich glaube an das Gute im Menschen. Mittlerweile brauche ich ein bisschen Zeit, bis ich einem Menschen mein Vertrauen schenke. Das habe ich mir mit der Zeit angewöhnt. Auch aus Selbstschutz. Ich würde von mir behaupten, eine ganz gute Menschenkenntnis zu besitzen, trotzdem bin ich vorsichtig geworden. Ich musste auf die harte Tour lernen, dass es da draußen nicht nur Leute gibt, die es gut mit einem meinen. Wenn mich das Gefühl beschleicht, ein Kontakt könnte in die falsche Richtung abdriften, nehme ich schnell Abstand. So musste ich beispielsweise erst lernen, manche Journalisten richtig einzuordnen und nicht gleich wie Freunde zu behandeln. Ich erkannte nicht, dass ihre angeblich vertraute Art, ihre Späße und das nette Miteinander einzig beruflichen Zielen dienten. Ich möchte gar nicht alle Journalisten über einen Kamm scheren, mit den meisten komme ich gut zurecht. Aber es gibt eine gewisse Klientel unter ihnen, die sich gerne angesprochen fühlen dürfen.

Wir, die Fischers, zählten zu dem, was man als klassische Mittelschicht bezeichnen würde. Meine Eltern hatten ein gutes Auskommen, aber mit drei Kindern konnten sie auch keine allzu großen Sprünge machen. Dennoch hat es uns nie an etwas gemangelt, auch wenn am Ende des Monats nicht viel übrig blieb. Als Letztes gespart hätten unsere Eltern an unserer schulischen Bildung. Da machten sie wirklich alles möglich, um uns den bestmöglichen Start ins Leben zu verschaffen. Mein Bruder und ich gingen für ein Austauschjahr nach Amerika, und meine kleine Schwester besuchte eine Privatschule.

Werde ich gefragt, ob ich ein Mutter- oder Vaterkind war, fällt die Antwort differenziert aus. Momentan bin ich eher ein Vaterkind. Was daran liegt, dass mein Vater bedingungslos alles liebt, was ich derzeit mache. Er zeigt mir, wie stolz er ist, indem er sich für meine Aktivitäten interessiert und jeden Beitrag oder Medienbericht sammelt und aufbewahrt. Er verfolgt auch, was ich tagtäglich bei Instagram poste. Dazu muss ich sagen, dass er auch mehr Zeit hat als meine Mutter, die mich natürlich ebenso unterstützt, wo es nur geht. Aber sie steht noch komplett im Berufsleben, mein Vater hingegen geht bald in den Ruhestand.

Wir ähneln uns in vielen Dingen, können sehr gut ohne Halligalli auskommen, ziehen die Ruhe gerne mal dem Feiern vor und müssen nicht ständig im Austausch mit anderen sein. Das mag jetzt vielleicht überraschen, wenn man sieht, wo ich überall beruflich herumturne, was ich poste und wie viel ich von mir offenbare. Aber das gehört zum Job, den ich sehr genieße. Genauso wie die stillen Momente, wenn ich für mich bin, wenn ich Yoga mache, wenn ich abends das Handy weglege. In der Hinsicht sprechen mein Vater und ich also die gleiche Sprache. Ich habe aber auch viel von meiner Mutter mitbekommen. Mein Ehrgeiz zum Beispiel kommt eindeutig von ihr. Das Kämpferische, das Getriebene, das Perfektionistische – hier zeigt sich die genetische Handschrift meiner Mutter. Es ist schon interessant, wenn man mit der Zeit beginnt, Gemeinsamkeiten zwischen sich und seinen Eltern auszumachen, und merkt: Aha, da reagiere ich wie die Mama, das mache ich genau wie der Papa. Spannend und schön.

Um zu verdeutlichen, wer ich bin und warum ich bin, wie ich bin, möchte ich im Stammbaum meiner Familie noch ein wenig weiter zurückschauen. Meine Großeltern, sowohl väterlicher- als auch mütterlicherseits, hatten auf ganz unterschiedliche Weise Einfluss auf mich. Von der großbürgerlichen Herkunft meines Vaters habe ich schon berichtet. Die Eltern meiner Mutter hatten einen ganz anderen Hintergrund. Meine Großmutter, Annemarie Wald, kam 1935 in Ungarn zur Welt. Die Walds waren sogenannte Donauschwaben, sie gehörten der deutschstämmigen Minderheit in Ungarn an. Sie lebten in Majs, einem Nachbarort von Lippó nahe der serbischen Grenze. In der Endphase des Zweiten Weltkriegs floh die Familie vor dem Einmarsch der Roten Armee in den Westen. Fast alle Dorfbewohner – Frauen, Kinder und die Männer, die nicht im Krieg waren – machten sich auf den beschwerlichen Weg nach Deutschland. Annemaries Vater war zu dem Zeitpunkt in Frankreich an der Front. Viele Ungarndeutsche kehrten später in ihre Heimat zurück, nicht aber die Familie meiner Großmutter. Mein Urgroßvater, Johann Wald, hielt es für klüger, in Deutschland zu bleiben. In Ungarn waren sie wohlhabende Bauern gewesen, angesehene Leute, die auf einem großen Anwesen lebten. Nach dem Krieg hatte man sie, wie viele andere, enteignet. Von dem Besitz war ihnen nichts geblieben außer zwei Pferden, die sie mit auf die Flucht genommen hatten.

Annemaries Familie wurde zunächst in Niederbayern sesshaft, in Osterhofen im Landkreis Deggendorf. Ein Bauer gab ihnen eine Unterkunft und stellte ihnen zur Bewirtschaftung ein Stück Feld zur Verfügung, im Gegenzug halfen sie auf dem Hof mit. Mein Urgroßvater, der in französische Kriegsgefangenschaft geraten war, stieß erst hier wieder zum Rest der Familie dazu. Die Wiedersehensfreude nach den Jahren der Trennung und der Ungewissheit kann man sich kaum vorstellen. Lange blieben die Walds aber nicht in Osterhofen, denn Johann fand in der Gegend keine Arbeit. Deswegen ging er zunächst allein nach München, wo man händeringend Männer suchte, die beim Wiederaufbau mitanpackten. Mit seinem Lohn und etwas geliehenem Geld erwarb er schon bald ein kleines Grundstück in Unterschleißheim und holte die Familie nach. Annemarie machte dort in einem Kloster eine Hauswirtschaftslehre. Zwei Jahre blieb sie bei den Klosterschwestern und wurde zur perfekten Hausfrau ausgebildet. Mit siebzehn fing sie an, in der Weberei Alexander Pachmann in Unterschleißheim als angelernte Weberin zu arbeiten. Dort stellte man Textilprodukte her, die in die ganze Welt verkauft wurden.

Mein Großvater, Albert Messmann, stammte aus Burglengenfeld in der Oberpfalz und wurde, wie Annemarie, im Jahr 1935 geboren. Er war ein sehr talentierter, sehr leidenschaftlicher Fußballspieler, der im Nachkriegsdeutschland vielleicht Karriere als Profi hätte machen können. Zumindest machte man ihm einmal ein konkretes Angebot. Aber mein Großvater lehnte ab. Niemand aus seinem Umfeld konnte das nachvollziehen. »Warum machst du das nicht?«, fragten alle kopfschüttelnd. »Wie kannst du dir so eine Chance entgehen lassen?« Er hatte andere Prioritäten: die Familie. Er wollte nicht weg aus der Heimat, er wollte nah bei seiner Mutter bleiben. Später zog es ihn auf der Suche nach Arbeit dann doch in Richtung München, und so landete er in Unterschleißheim, wo er meine Großmutter kennenlernte. Albert wurde Heizungsmonteur und arbeitete in diesem Beruf bis zur Rente.

Opa Albert (li.) auf dem Fußballplatz

In der Freizeit spielte mein Großvater weiterhin Fußball, aber nur dann, wenn ihm der Sinn danach stand. Da war er ganz konsequent und ließ auch Mannschaftskollegen und Trainer vom SV Lohhof abblitzen, wenn sie mal wieder bei ihm auf der Matte standen und bettelten: »Bitte komm auf den Platz, wir brauchen dich.« Mein Opa spielte auf der Position des Mittelläufers, dem Äquivalent zum heutigen Spielmacher oder Zehner. Meine Mutter, die selbst ja nicht Fußball spielen durfte, musste am Wochenende oft mit auf den Fußballplatz, wenn ihr Vater seinen Einsatz hatte. Das missfiel ihr gewaltig. Damals nahm sie sich fest vor, nie im Leben würde sie einen Fußballer als Partner haben wollen. Das war tatsächlich ein

Ausschlusskriterium bei der Partnerwahl. Bei ihr hat es geklappt – bei mir weniger. Ich war aber auch nicht vorbelastet wie sie.

Meine Großeltern Annemarie und Albert – ein Leben lang unzertrennlich

Sowohl zu Oma Annemarie als auch zu Opa Albert hatte ich als Kind ein enges Verhältnis. Die beiden wohnten in unserer Nähe, sodass ich sie häufig besuchen konnte. Oma Annemarie fuhr, solange sie es gesundheitlich konnte, fast jedes Jahr nach Ungarn, in ihre alte Heimat, und besuchte den Teil ihrer Familie, der dortgeblieben war. Mittlerweile ist sie leider zu alt für die Reise. Vor vielen Jahren habe ich sie einmal begleitet, ich war etwa sechs Jahre alt. Sie zeigte mir, wo ihre Vorfahren gelebt hatten, den Gutshof, der ihrer Familie gehört hatte, bevor sie vertrieben wurden. Ich erinnere mich noch an die unglaublich schönen weiten Felder rund um den Hof. Wir Kinder waren den ganzen Tag draußen, spielten in der Scheune und verbrachten Zeit mit den Tieren im Stall. Es stellte sich nur ein Problem heraus: Ich reagierte extrem allergisch auf den Staub. Aus diesem Grund konnte ich danach nie wieder mit meiner Großmutter nach Ungarn fahren. Die Gefahr, dass ich dort erneut gesundheitliche Probleme bekäme, war zu groß. Ja, und dann, vier Jahre später, starb ihr Mann, mein Opa Albert. Damals bekam meine kleine heile Welt einen gewaltigen Knacks ...

3
Und dann starb Gargamel

cathyhummels ✓ • Folgen

cathyhummels ✓ This smile is for my grandpa, who always made me laugh when I was a little Girl ... I Miss u 🧡

191 Wo.

Gefällt 4.009 Mal

1. NOVEMBER 2016

In den ersten Jahren sah ich alles nur in Rosarot, das Leben war unbeschwert. So soll es ja auch sein, wenn man Kind ist. Die glücklichsten Zeiten waren jene, in denen ich mit Eltern, Großeltern, Geschwistern, Tante und Onkel, Cousin und Cousine und meinen Freundinnen zusammen war. Es lag außerhalb meiner Vorstellungskraft, dass ein geliebter Mensch eines Tages nicht mehr da sein könnte. Und dann, plötzlich, verlor ich in relativ kurzer Zeit mehrere Menschen, die mir nahestanden.

Als ich zehn Jahre alt war, starb mein Großvater Albert. Diese Erfahrung verpasste mir einen Knacks. Opa Albert war für mich aber auch viel mehr als »nur« mein Großvater, ein bisschen sogar eine Art Vaterersatz, der mir das gab, was mein Vater mir zu dem Zeitpunkt nicht geben konnte. Heute ist unsere Beziehung, wie schon gesagt, eng und vertrauensvoll, aber so war es nicht immer. Meinem Vater fiel es anfangs nicht leicht, sich mit seiner Vaterrolle zu identifizieren, da er selbst ja ohne Vater aufgewachsen war. Woher sollte er es also wissen? In diese Rolle musste er erst hineinwachsen und sein Selbstverständnis als Vater finden. So entstand eine wahnsinnig enge Beziehung zu meinem Großvater Albert, der immer präsent war. Überhaupt hatte er einen guten Draht zu allen seinen Enkelkindern. Wenn einer von uns Sorgen hatte, dann ging man zu Opa Albert, der einen immer mit einem offenen Ohr, mit offenen Armen und verständnisvollen und weisen Ratschlägen empfing. Er unternahm auch gerne etwas mit uns. Nahm uns mit auf Spaziergänge in die Natur, auf denen er uns dann alles Mögliche erklärte. Er besuchte mit uns den Tierpark, wir schauten uns gemeinsam Filme an oder lasen eine Geschichte. Er war ein aufmerksamer und liebevoller Mensch, und ich sprach mit ihm über alles, was mich traurig oder glücklich machte. Wenn mich jemand geärgert hatte, teilte ich meine kindlichen Sorgen mit ihm.

Darüber hinaus hatten wir eine gemeinsame Passion: Wir liebten beide die Schlümpfe. Ich glaube sogar, dass es Opa Albert war, der mich für die kleinen blauen Wesen aus Schlumpfhausen einnahm. Seine Begeisterung jedenfalls färbte auf mich ab und ich sammelte Schlaubi, Schlumpfine & Co., und wie sie alle hießen, wie verrückt. Was meinen Opa an den Schlümpfen faszinierte, weiß ich nicht. Aber zusammen hockten wir im Fernsehzimmer im Keller meiner Großeltern und schauten uns jede Folge der Zeichentrickserie an. Und waren manchmal so vertieft, dass wir nicht einmal mitbekamen, wenn meine Großmutter uns zum Essen rief. Es sei denn, sie hatte ihre berühmten Schinkennudeln gekocht. Eines meiner Leibgerichte – bis heute. Zog der Duft der Schinkennudeln durchs Haus, vergaß ich sogar die Schlümpfe für einen Moment.

Albert war ein herzensguter Mensch. Weißes Haar, tiefe Geheimratsecken und auf der Nase immer eine Hornbrille mit dickem Glas, seine Augen waren ziemlich schlecht. Und er hatte nur noch einen einzigen echten Zahn. Wenn er also mal sein Gebiss nicht trug, blitzte in der unteren Zahnleiste dieser Zahn hervor, wie bei dem Zauberer bei den Schlümpfen. Er lachte dann und sagte: »Schau mal, Cathy, ich bin's, der Gargamel.« Er wusste genau, wie er mich zum Lachen bringen konnte.

Neben den Schlümpfen war ich besessen von *Wendy* und *Shelly*, Zeitschriften über Pferde, die Mädchen meines Alters liebten. Weil ich aufgrund meiner Allergien selbst nicht reiten durfte, sammelte ich zumindest Sticker für meine Pferdehefte. Mein Opa überraschte mich hin und wieder mit einem Heft oder er steckte mir Geld zu. »Los, Cathy, hol dir Nachschub«, und das musste er mir nicht zweimal sagen.

Als mein Großvater starb, zerbrach etwas in mir. Zum ersten Mal wurde ich mit dem Thema Tod konfrontiert. Es war Herbst, Ende September, und ich ging in die fünfte Klasse des Gymnasiums. Bereits in der Früh wunderte ich mich, warum meine Mutter nicht zu Hause war. Dass sie das Haus vor uns Kindern verließ, kam eigentlich nie vor. Auf die Frage, wo Mama sei, antwortete mein Vater wortkarg, sie habe etwas zu erledigen, ich solle mir aber keine Sorgen machen. Aber ich spürte, irgendwas stimmte da nicht. Später erfuhren wir: Meine Mutter war am Abend ins Krankenhaus gerufen worden, wo sie die Nacht bei ihrem Vater verbracht hatte. Als ich mittags aus der Schule nach Hause kam, parkten die Wagen meiner Oma und meiner Tante vor unserer Einfahrt. Ich rannte ins Haus und fand meine Mutter in der Küche. Sie nahm mich in den Arm und sagte sanft: »Der Opa ist heute Nacht gestorben.« Ich dachte in dem Moment, sie meinte meinen lieben Uropa (er war damals schon achtundachtzig), und sagte: »Er war doch aber auch schon sehr, sehr alt, Mama.« – »Nein, mein Schatz, *mein* Papa ist gestorben. Nicht der Uropa. Dein Opa Albert hatte einen Herzinfarkt.« Das konnte doch nicht sein, dachte ich. Kurz zuvor noch hatte ich ihn besucht. Nein, bestimmt irrten sich alle. Es musste sich um meinen Urgroßvater handeln, er hatte einen Herzinfarkt, nicht mein Opa.

Mein Bruder Basti und ich (auf dem Arm meines Großvaters Albert)

Aber natürlich irrten sie sich nicht. Opa Albert, mein zweiter Vater, mein Heiligtum, war nicht mehr da. Er wurde nur zweiundsechzig Jahre alt. Meine Mutter war am Boden zerstört, ebenso meine Großmutter, wir alle konnten es nicht fassen. Das letzte Mal, dass ich ihn gesehen hatte, da saßen mein Cousin und ich bei den Großeltern im Keller, schauten fern und aßen die Honigpops von Kellogg's, unsere Lieblingsnascherei. Unser Opa kam die Treppe herunter, schick angezogen, mit weißem Hemd, und fragte, was wir hier so spät noch machten. Und mein Cousin und ich riefen mit vollem Mund: »Opa, wir essen Popsies und gucken Schlümpfe.« Mein Großvater musste schmunzeln und schickte uns nach Hause. Wir lachten nur und versprachen, gleich weg zu sein. Stattdessen schlichen wir uns zur Vorratskammer und plünderten die Eistruhe. Großvater musste das mitbekommen haben, wollte uns den Spaß aber nicht verderben. Seitdem träume ich davon, dass er mir noch einmal begegnet und dass ich ihm Lebewohl sagen kann.

cathyhummels ✓ • Folgen ···

cathyhummels ✓ Der Garten in dem ich aufwuchs und von meiner lieben Oma immer meine Schinkennudeln mit Ketchup bekommen hab 🥰! Heute vor 84 Jahren erblickte Oma das Licht der Welt. Ich hoffe auf noch viele weitere Jahr mit dir. Du bist toll und ich hab viel von dir gelernt ! Happy Birthday Oma ❤️ In Liebe 💐

Gefällt 13.187 Mal

13. AUGUST 2019

Solange ich zurückdenken konnte, schaute ich fast täglich bei meinen Großeltern vorbei, und sei es nur, um kurz Hallo zu sagen. Nach dem Tod meines Opas änderte sich das. Ich brachte es nicht mehr übers Herz, in ihrem Haus zu sein. Es tat weh. Es tut heute immer noch weh. Alles sah noch genauso aus, äußerlich hatte sich kaum etwas verändert. Aber mein Opa fehlte. Im Nachhinein tut es mir leid für meine Großmutter. Auch sie ist ein herzensguter Mensch und wenn ich sehe, dass sie nun langsam körperlich abbaut, wünschte ich, ich hätte damals die Stärke gehabt, sie weiterhin so oft zu besuchen. Heute bereue ich das, aber damals konnte ich mich einfach nicht überwinden.

Großvater Albert starb, da war ich zehn. Und nur zwei Jahre später verlor ich meinen anderen Opa. Obwohl ich ihn nicht so gut kannte und nicht so häufig sah, liebte ich auch ihn abgöttisch. Er war eine beeindruckende Persönlichkeit. Ein Kosmopolit, ein Lebemann und zeitlebens ein kleiner Casanova. Monaco Franze in real. Die Tendenz zu einem ausschweifenden Lebensstil war ihm vielleicht in die Wiege gelegt. Beispielhaft dafür ist die Geschichte, als der Urgroßvater meines Vaters einen seiner Söhne, den »schönen Sebastian«, während der Weltwirtschaftskrise nach Berlin schickte, um einen Traktor zu kaufen. Zwei Wochen später kehrte er unverrichteter Dinge zurück von der Reise, ohne Traktor und völlig abgebrannt. Daraufhin fuhren mein Uropa und sein Sohn gemeinsam nach Berlin, um den Traktor zu kaufen. Kurze Zeit später waren sie wieder zu Hause, ohne Traktor und ohne Geld. Nur wenige Tage später erschien ein Bild in einer Zeitung, darauf zu sehen waren Vater und Sohn auf dem Kurfürstendamm, neben ihnen eine Prostituierte, und beide tranken Champagner aus einem Damenschuh, welcher offensichtlich der Dame gehörte.

Ich weiß nicht, ob diese Geschichte wirklich stimmt, in unserer Familie zumindest galt sie immer als Beleg dafür, dass mein Opa für sein flamboyantes Auftreten ja gar nichts konnte. Hinzu kam, dass er ein sehr attraktiver Mann war. Mit ganz viel Charme. Ein echter Charmebolzen. Eine Geschichte, die ihn als Typ charakterisiert, spielte sich anlässlich der Taufe meines Vaters ab. Dieser sollte ursprünglich Alfredo heißen, inspiriert durch den Charakter irgendeiner Seifenoper. Das missfiel Opa Ludwig. Am Tag der Taufe wendete sich das Blatt. Mein Großvater zündete sich eine Zigarre an und brannte mit ihrer Glutspitze ganz nonchalant auf der Urkunde das »o« aus dem »Alfredo« heraus. So kam es, dass mein Vater ein Alfred wurde. Das war eine ganz typische Opa-Ludwig-Aktion.

Als Architekt baute mein Großvater wunderschöne Häuser und verdiente eine Menge Geld in Zeiten, in denen es in Deutschland wirtschaftlich immer nur bergauf ging. Er bewegte sich in den sogenannten »besseren Kreisen«, also bei denen, die das nötige Kleingeld besaßen, um seine Prachthäuser zu erwerben. Karl-Heinz Rummenigge zum Beispiel gehörte zu seinem Kundenstamm. Die meiste Zeit arbeitete er von Nürnberg aus, war aber, wie schon erwähnt, international tätig. Er besaß ein Boot und eine Villa in Spanien zwischen Valencia und Alicante, Moraira hieß der Ort, wo er seine letzten Jahre verbrachte. Das Haus war imposant, hatte diverse Gästezimmer und einen großen Pool. In der Garage gab es einen kleinen Fuhrpark.

Da Opa Ludwig nur noch selten nach Deutschland kam, sah ich ihn nicht häufig. Trotzdem hing ich an ihm – und er an mir. Ich erinnerte ihn an seine eigene Mutter, an meine Uroma Katharina. Ich sei ihr, meinte er, von den Gesichtszügen, aber auch vom Charakter her ähnlich. Vielleicht war ich deswegen ein bisschen sein Liebling. Wenn wir ihn in den Ferien in Spanien besuchten, wollte ich am liebsten Pizza essen gehen. Ja, ich weiß, das klingt verrückt. Fand auch seine neue Frau. »Wir sind in Spanien, also essen wir etwas Spanisches«, hielt sie mir vor. Ludwig schlug sich jedes Mal auf meine Seite. Ich gebe zu, er ließ sich schnell von seiner Enkelin um den Finger wickeln. Dann zwinkerte er mir zu und ich wusste: Meine Pizza war nicht weit.

Seine Frau und ich waren uns nicht grün. Ich schaffte es immer wieder, sie in Rage zu bringen. Legte ich es darauf an?

Na ja, vielleicht ein bisschen. Mein Bruder und ich hatten zum Beispiel die Angewohnheit, aus den Liegestühlen am Pool eine Höhle zu bauen. Dazu schoben wir alle Liegen zusammen, stapelten darüber die Polster und zusätzlich die Kissen der Stühle – fertig war unser Eigenheim in bester Pool-Lage. Einmal hatten wir gerade alles schön aufgebaut, gingen essen (Pizza!) und ließen die Höhle zurück. Zwischenzeitlich zog eine Gewitterfront auf, und es fing furchtbar an zu regnen. Als wir zurückkehrten, hatte der Sturm unsere Höhle über das gesamte Grundstück verteilt. Die Sofagarnitur und die wertvollen handbestickten Kissen waren im Pool gelandet – und unbrauchbar geworden. Meine Stiefoma kochte vor Wut. Sie sah es auch mit Argwohn, wenn ich wieder mal zu viele Badetücher benutzt hatte. Am Pool gab es einen Schuppen, in dem die Handtücher akkurat und säuberlich sortiert gestapelt lagen. Wenn wir den ganzen Tag am Pool verbrachten, konnte es passieren, dass der Schuppen am Abend leer und alle Handtücher in Haus und Garten verteilt waren. Mein Bruder machte sich dann über mich lustig, dass ich mich verhielt wie eine kleine Diva. Ach ja, Spanien war immer ein Erlebnis.

Der Tag, an dem ich von Opa Ludwigs Tod erfuhr, ist mir noch sehr präsent. Wir hatten ihn schon seit mehr als einem Jahr nicht mehr gesehen, als ich meinen Vater fragte, ob wir demnächst mal wieder nach Spanien fahren würden. »Der Opa will euch bald mal wieder besuchen kommen«, sagte er nur. Einige Tage später klingelte das Telefon. Mein Großvater war dran und bat nur darum, meinen Vater zu sprechen. Mehr sagte er nicht. »Papa ist nicht da, aber wann sehen wir uns denn wieder?« – »Sehr bald, ich komme irgendwann zu euch«, antwortete er kurz angebunden. So hatte ich ihn bislang nie erlebt. Zwei Wochen später war er tot. Sein Herz hatte plötzlich aufgehört zu schlagen. Er war einfach fort aus unserem

Leben, keiner von uns hatte die Gelegenheit, sich zu verabschieden.

Wieder zwei Jahre später starb dann mein Urgroßvater, Johann Wald. Er wohnte in Unterschleißheim direkt neben meiner Oma, seiner Tochter, die sich bis zum Schluss um ihn kümmerte, sein Essen kochte, mit ihm spazieren ging. Manchmal hatte er uns von seinen Kriegserlebnissen erzählt. Schon vor dem Krieg war er als Sanitäter für das Rote Kreuz im Einsatz gewesen, und später in Frankreich hatte er sich, obwohl nur einfacher Soldat, an der Front um die Verwundeten gekümmert. Einmal gerieten sie in einen Hinterhalt, einige flüchteten, um sich in Sicherheit zu bringen; er blieb zurück, weil er die verletzten Kameraden nicht ihrem Schicksal überlassen wollte. Dieser Mut rettete ihm das Leben. Sie waren noch nicht weit gekommen, da erfasste die Flüchtenden eine Granate. Keiner überlebte, nur mein Großvater und die zurückgebliebenen Verwundeten. Die Splitter verletzten ihn allerdings schwer, zeitweise verlor er sein Augenlicht, erst nach einem Jahr konnte er wieder sehen. Rückblickend glaube ich, dass das Erzählen dieser Geschichten seine Art war, die Kriegsgeschehnisse zu verarbeiten. Er zeigte uns die Narben, die die Granatsplitter in seinem Nacken hinterlassen hatten. Teilweise steckten noch Splitter in ihm. Im Alter kamen sie immer weiter zum Vorschein, einer nach dem anderen. Ich kann mir nicht einmal ansatzweise vorstellen, was er damals erlebt haben mag. Trotzdem hat er mich durch seine Erzählungen geprägt, und obwohl ich mit dem Thema Krieg kaum in Berührung kam, so war es mir durch ihn doch irgendwie nah.

4
Als mir die Luft wegblieb

 cathyhummels ✔ • Folgen   ...

 cathyhummels ✔
Ernährung KANN heilen.
Ich bin Allergie frei,
Asthma frei, seitdem ich mich so
ernähre. Hättet ihr das meinem
früheren 10 Jährigen Ich gesagt,
wäre ich wohl das glücklichste
Mädchen der Welt gewesen.
(Allergien, Asthma, kein Bauernhof,
keine Übernachtungsparty und wenn
dann nur mit meinem damaligen
besten Freund: Dem Inhalator) Das
gleiche wünsche ich mir NICHT für
mein Kind. Ein paar Infos dazu heute
bei RTL @rtl_exclusiv ❤️

Gefällt 9.975 Mal

7. FEBRUAR

Mit Allergien kenne ich mich – leider – bestens aus. Viele Jahre waren sie meine treuen Begleiter. Zu jeder Jahreszeit und bei jeder Gelegenheit gab es etwas, das mein Körper nicht vertrug: von Hausstaub über Pollen bis zu Tierhaaren und manches mehr – ich könnte von allem ein Lied singen. Am stärksten schränkte mich im Alltag allerdings das Asthma ein.

Vor meinem sechsten Lebensjahr war mir – und auch meinen Eltern – überhaupt nicht bewusst, dass ich damit ein Problem hatte. Bis dahin war ich beschwerdefrei. Doch dann kam der Tag X – mein erster Asthmaanfall. Wir waren, wie ich erwähnte, mit meiner Oma zu Besuch in Ungarn. Urlaub auf dem Bauernhof. Es war Sommer, alles grünte, alles blühte. Wir wälzten uns auf den Wiesen und tollten im Heu herum. Das absolute Highlight war in der Scheune eine Maschine für Maiskolben. Man warf den Maiskolben oben hinein, und die Maschine trennte die Körner vom Kolben ab. Dabei staubte es gewaltig, machte aber einen irren Spaß. Wir wollten gar nicht mehr aufhören und schmissen immer wieder neue Maiskolben hinein. Natürlich gab es auch Tiere auf dem Hof, die wir zum Streicheln und Schmusen besuchten. Alles in allem ein Paradies für Kinder. Bis zu dem Zeitpunkt, als mir plötzlich die Luft wegblieb. Dazu war mir nur noch schwindelig. Im ersten Moment glaubten meine Eltern, ich hätte mir etwas eingefangen. Oder der Staub und die Tierhaare wären vielleicht nur ungewohnt für ein Stadtkind. Nachdem weder feuchte Tücher noch andere Hausmittelchen meinen Zustand verbesserten, brachen wir die Ferien verfrüht ab und fuhren nach Hause. Dort erholte ich mich bald. Gut, dachten sich meine Eltern, war wohl alles etwas viel für Cathy.

Wir hatten den Vorfall beinahe vergessen bis zu dem Tag, an dem meine Freundin Marina zu Hause ihren Geburtstag feierte. Eine typische Kinderparty. Wir tranken Cola, aßen Erdnussflips, spielten Sackhüpfen und Topfschlagen, hatten eine Menge Spaß. Ein Detail dieses Tages ist mir noch im Gedächtnis. Ich sah eine Schachtel rote Marlboro auf dem Tisch im Flur liegen. Dazu muss ich erklären, dass ich schon als Kind einen Ekel vor Zigarettenrauch hatte und Menschen mied, die rauchten. Nein, ich mied sie nicht nur, ich wollte sie am liebsten bekehren. Mein Urgroßvater hatte mit über achtzig Jahren eine Bypass-Operation überlebt, und ich weiß noch, dass der Arzt, während er meiner Mutter erläuterte, wie sie nun weiter verfahren würden, selbst eine Zigarette rauchte. »Wieso rauchst du? Davon wird die Lunge schwarz und der Bauch auch«, sagte ich altklug. Der Arzt schaute verdutzt, was denn die Kleine da redete, dann lächelte er, drückte die Zigarette aus und meinte: »Hast ja recht. Es ist nicht gut, dass ich rauche.« Mein Urgroßvater litt an einer Arterienverkalkung und natürlich hatte die Familie im Vorfeld ihre Bedenken bezüglich der OP geäußert, sie hatten Sorge, eines seiner Beine müsse möglicherweise abgenommen werden. Und dann war da seine schwarze Lunge von den Zigaretten, die er in seinem langen Leben inhaliert hatte. Alle diese Bilder prägten sehr früh meine Einstellung zum Thema Rauchen. Kein Wunder, dass ich jeden bekehren wollte. Meine Mutter gestand mir später, sie selbst habe sich kaum noch getraut, sich ab und an mal eine Zigarette anzustecken. Dass das bloß die Cathy nicht mitbekommt, hieß es. Ich machte alle um mich herum ganz kirre mit meiner direkten Art. Dabei hatte ich immer nur die Angst, einen Menschen zu verlieren.

An jenem Tag im Haus meiner Freundin Marina fiel mein Blick auf diese Zigarettenschachtel und sofort war ich darauf fixiert. Plötzlich roch ich überall Zigarettenrauch, der gar nicht vorhanden war, und mir gingen solche Gedanken durch den Kopf wie: »Wenn die Mama von Marina raucht, dann fängt die auch irgendwann damit an, und dann verliere ich sie ...« Total blöd eigentlich, aber so dachte ich damals. Während wir gegen Nachmittag in Marinas Zimmer spielten, merkte ich, wie ich immer schlapper wurde, bis ich mich kaum mehr auf den Beinen halten konnte. Wie Kinder so sind, wollte ich natürlich nicht die Party verlassen. »Mir ist nur etwas schwindelig«, beruhigte ich meine Freundin. Und hatte keine Ahnung, was mit mir los war. Wir gingen in ein anderes Zimmer, um Marinas Meerschweinchen zu streicheln. Und das war's dann, ich kippte einfach um.

Ich hatte eine extrem starke Tier- und Hausstaubmilben-allergie, die einen Asthmaanfall auslöste – was aber keiner bis dahin wusste. Mir blieb die Luft weg, ich konnte einfach nicht mehr atmen. Marinas Mutter war sofort zur Stelle, packte mich und brachte mich nach draußen an die frische Luft. »Atme«, rief sie, »atme tief ein.« Es ging nicht, mittlerweile war ich schon apathisch, die Lippen liefen blau an. Sie rief meine Mutter an, die in wenigen Minuten da war und mich umgehend zum Kinderarzt schleppte, dessen Praxis ganz in der Nähe lag. Dem war sofort klar, dass die Situation ernst war. Er spritzte mir zwei Ampullen Cortison in die Vene und rief einen Krankenwagen. Erst in der Klinik normalisierte sich mein Zustand. Ich war fix und fertig; ich lag in der Notaufnahme, an das meiste kann ich mich nicht erinnern, aber dass ich einen lilafarbenen Pullover mit dem Aufdruck »ABC« trug, komisch, dieses Detail weiß ich noch. Im Krankenhaus wurde ich rundum durchgecheckt. Die Diagnose lautete Asthma.

Insgesamt blieb ich drei Wochen in der Klinik. Man inhalierte mit mir, ich bekam Infusionen und diverse Untersuchungen. Nach zwei Wochen ging es mir eigentlich wieder ganz gut und ich wollte nach Hause. Die Ärzte entschieden jedoch, mich zur Beobachtung noch weiter dazubehalten. Zum Glück durfte meine Mutter von Anfang an mit in meinem Krankenzimmer übernachten. Es gab kein Bett für sie, aber das war ihr egal. Sie legte sich einfach zu mir und wich mir nicht von der Seite.

Als ich nach drei Wochen entlassen wurde, war ich das glücklichste Kind der Welt. Ich hätte anschließend noch eine Kur machen sollen, das kam aber nicht infrage. Ich wollte nur noch nach Hause – zu meinen Eltern, zu meinen Geschwistern, in mein eigenes Bett. Rückblickend gesehen wäre es vielleicht schlauer gewesen, weniger stur zu sein. Man hätte mir vielleicht geholfen, besser mit der Angst vor einem erneuten Asthmaanfall umzugehen. Genau das nämlich wurde zu meinem eigentlichen Problem. Das Asthma selbst war in den Griff zu bekommen, aber einige Zeit später wurde bei mir ein sogenanntes »psychogenes Asthma« diagnostiziert. Atemstörungen, ausgelöst in Belastungssituationen, durch Stress und Ängste. Ich hatte zum Beispiel schon Angst, wenn ich mal woanders war als in der mir vertrauten Umgebung. Zuhause fühlte ich mich safe, da waren mein Inhalator und das Asthmaspray immer griffbereit, auch Familienurlaube waren unproblematisch. Aber allein, wenn es darum ging, bei einer Freundin zu übernachten, wurde es für mich problematisch.

Dann kam die Klassenfahrt in der Vierten. Für fünf Tage sollten wir alle in ein Schullandheim in die Alpen fahren. Eine Woche voller Aktivitäten, Ausflüge, Zeit und Spaß mit den Freunden und – das Wichtigste – kein Unterricht, keine Eltern. Eigentlich genau das, worauf sich jedes Kind freut. Bei mir war es genau umgekehrt. In meinem Kopf entstanden die wildesten Szenarien: Ich bin irgendwo in der Fremde, kenne niemanden und plötzlich kann ich nicht mehr atmen und niemand ist da, der mir helfen kann.

Schon Tage vor der Klassenfahrt hatte ich eine panische Angst vor den fünf Tagen. Meine Mutter wusste nicht, wie sie damit umgehen sollte. Einerseits nahm sie mich ernst, andererseits wollte sie aber auch, dass ich an den Aktivitäten teilnahm. Sie fand eine Lösung, indem sie mit meinen Lehrern sprach, die sich bereiterklärten, die medizinischen Geräte für mich mitzunehmen, um im Notfall entsprechend reagieren zu können. Ich trat die Reise an und telefonierte täglich mit meiner Mutter. Ihre Entscheidung war goldrichtig. Und natürlich passierte auf der Klassenfahrt nichts von dem, was ich mir ausgemalt hatte. Ich musste lernen, meine Ängste in den Griff zu bekommen und erkennen, dass ich woanders sein konnte und mir trotzdem nichts passierte.

Meine Eltern belastete das alles natürlich sehr. Sie überlegten hin und her, wie sie mir am besten helfen könnten. War der Druck in der Schule vielleicht zu groß? War ich überfordert? Sollten sie mich lieber auf eine Montessori-Schule schicken? Ich hatte dazu eine klare Meinung: Auf keinen Fall würde ich die Schule wechseln, ich wollte nicht weg von meinen Freunden. Zu Hause hatten wir heftige Diskussionen darüber, wie es weitergehen sollte. Ich blieb stur, und am Ende setzte ich mich durch. Auch ohne Schulwechsel änderte sich einiges in meinem Alltag. Wegen des Asthmas durfte ich zum Beispiel keine Süßigkeiten mehr essen. Zucker war tabu. Das war als Kind hart. Heute lebe ich gut ohne Zucker, aber früher, wenn ich bei Freundinnen zu Besuch war, stürzte ich mich auf alles, was nach Schokolade und Gummibärchen aussah. Meine Mutter konnte die Uhr danach stellen, wann sie wieder den Anruf einer irritierten Mutter bekam. »Also, hören Sie mal, liebe Frau Fischer, die Cathy hat wirklich alle Süßigkeiten fast allein aufgegessen. So schnell hat man gar nicht schauen können. Ich hoffe, ihr wird nicht schlecht …« Das wurde es manchmal, war mir aber wurscht. Ich nahm, was ich kriegen konnte.

Und dann, wie gesagt, die Allergien. Die Frage lautete nicht, wogegen war ich allergisch? Sondern: Wogegen war ich *nicht* allergisch? Sobald es irgendwo nicht zu hundert Prozent sauber war, nur ein bisserl Staub und ich bekam Probleme. In die Nähe von Haustieren durfte ich schon gar nicht kommen. Bei Freundinnen übernachten bedurfte jedes Mal einer guten Vorbereitung. War alles eingepackt, was ich nachts gegebenenfalls brauchen würde? Klar war, vor dem Einschlafen musste ich immer ewig inhalieren. Der Inhalator wurde mein treuester Gefährte. Trotzdem blieb die permanente Sorge, beim nächsten Asthmaanfall zu ersticken.

Bis zu dem Tag, an dem ich endlich asthmafrei war. Das war dann aber auch erst zehn Jahre später. Durch eine konsequente Ernährungsumstellung hatte ich es geschafft, mich selbst zu sensibilisieren. Und die Angst ließ irgendwann nach, vielleicht allein aus dem Grund, dass mein Kopf nicht mehr so viel darüber nachdachte. Damit war der erste Schritt getan, und viele weitere folgten. Bis heute habe ich das Asthma und die Allergien im Griff. Diese Freiheit weiß ich zu schätzen, weil ich weiß, wie es sich anfühlt, diese Unbeschwertheit nicht zu haben.

5
Voll das Girl, aber bloß keine Tussi

cathyhummels ✓ • Folgen ···

cathyhummels ✓ Mein Barrina Moment heute 🩰 - Barre ist gerade mein Liebling neben Yoga. Es ist super für die Haltung und man fühlt sich so schwerelos. Und ich hab entschieden: Ich will unbedingt noch ein Mädchen haben, damit wir gemeinsam ein Tutu und eine Krone tragen können. 👸 Party 💗 💜 💛 💚 🧡 💕 🦄 #Princess #selbst #gekrönt 👸 PS: heute um 20 Uhr gibt es ein tolles Gewinnspiel auf meinem Account. Also check it out 🌲

Gefällt 14.157 Mal
15. DEZEMBER 2019

Es gab eine Zeit, da hatte ich mehr Jungs im Freundeskreis als Mädels. Wir spielten Fußball, tobten im Wald, kletterten auf Bäumen herum. Okay, wenn die Pollen es zuließen. Ich liebte es, draußen zu sein und zu toben, und war in der Hinsicht nicht zimperlich. Und mit Jungs abzuhängen, fand ich damals wahnsinnig cool. Lag vielleicht daran, dass ich meinen Bruder so toll fand. Das ging so weit, dass sich meine Freundinnen schon beschwerten, ich würde sie vernachlässigen und immer gleich im Zimmer ihrer Brüder verschwinden, um mit denen Nintendo 64 zu spielen. »*Wir* waren doch verabredet und jetzt hängst du stundenlang auf dem Sofa rum und spielst Videospiele!«, sagte meine Freundin Fari. Dabei meinte ich es gar nicht böse, ich fand Nintendo nur einfach spannender als Puppen. Mein absoluter Favorit war *Super Smash Bros.*, ein Kampfspiel mit den berühmtesten Nintendo-Helden.

Schon im Alter von zehn Jahren war bei mir bauchfrei angesagt – das hat sich bis heute nicht geändert

Vom Typus her war ich – auch wenn man es mir nicht ansah – wenig zimperlich, bisweilen eher wild. Mit meinem Cousin baute ich Baumhäuser und sammelte Schnecken, und mein Bruder und ich hielten die Nachbarn mit dem guten alten Klingelstreich auf Trab. Als wir 1994 in die Neubausiedlung umzogen, standen anfangs die Aschentonnenhäuschen vor den Häusern noch leer. Diesen Umstand wussten wir auszunutzen. Wir klingelten an der Haustür, rannten weg und versteckten uns in dem Häuschen, und konnten so die Reaktionen und das Geschimpfe der Nachbarn live miterleben.

Mein Bruder und ich wurden nie müde, uns immer neue Aktivitäten einfallen zu lassen. Ihm verdanke ich auch meine ersten Erfahrungen vor der Kamera. Mein Großvater hatte ihm eine alte Filmkamera vermacht, mit der wir oft unterwegs waren, um Videos zu drehen. Wir dachten uns Storys aus und setzten sie dann um, selbstverständlich auf höchstem Niveau, davon waren wir überzeugt. Ich übernahm meistens die Rolle der herrischen Dame. Die des Opfers lag mir schon damals nicht. Als Kamerabesitzer und Regisseur gab mein Bruder sich immer die Premiumrollen, mir den Nebenpart. Er spielte mal einen verrückten Hippie und ich die Kifferbraut an seiner Seite. Einmal im Winter verkleidete er sich als alter Mann mit dickem Bauch und Brille, in diesem Aufzug gingen wir zu einem Schlittenberg in unserer Nähe und simulierten, dass ich ihn versehentlich mit meinem Schlitten umfahre. Dabei filmten wir dann die Reaktionen der anderen Leute. Versteckte Kamera mit Basti & Cathy. Manchmal rekrutierte mich mein Bruder auch als Kamerafrau. Diese Position lag mir weniger. Ich sprang lieber vor der Linse herum. Für meine kleine Schwester blieb oft nur noch die Rolle des Opfers übrig oder die des bösen Kindes, das aufgrund seines ungezogenen Verhaltens im Hasenstall eingesperrt werden musste. Heute läuft es mir kalt den Rücken runter, wenn ich daran zurückdenke und mir vorstelle, so etwas würde jemand mit meinem Sohn Ludwig anstellen.

Neben der Lust, mich vor der Kamera auszutoben, zeigte sich früh eine weitere Passion. Ich legte immer schon Wert auf geschmackvolle Kleidung, und ja, ich wollte hübsch aussehen. In dieser Beziehung bin ich mir bis heute treu geblieben. Von früh an hatte ich eine klare Vorstellung, wie ich nach außen wirken wollte und ich begutachtete auch meine Umgebung, andere Mädchen und Frauen, mit einem modekritischen Blick. Mir fiel es auf, wenn die Frisur der Zahnarzthelferin besonders gut saß oder die Schuhe der Verkäuferin im Supermarkt chic waren. Das sagte ich ihnen dann auch, und sie freuten sich. Umgekehrt konnte es auch schon vorkommen, dass ich einen modischen Fauxpas entsprechend kommentierte. Manchmal waren die Worte schneller über meine Lippen, als ich es mir wünschte.

Einer meiner ersten Modewünsche war ein Paar goldene Schuhe. Ich war drei Jahre alt! Wir machten als Familie Urlaub auf einem Campingplatz in Siena, und meine alten Schuhe wurden mir zu eng. In dem Alter verändern sich die Kleidungsgrößen ja beinahe im Wochentakt. Meine Mutter klapperte mit mir jedes einzelne Geschäft in der Stadt ab, weil ich unbedingt und nur goldene Schuhe haben wollte. Und wenn ich mir etwas in den Kopf gesetzt hatte, dann hatte ich Ausdauer. Meine Mutter hatte die Hoffnung schon aufgegeben und sich auf ein Theater eingestellt. Nach stundenlangem Suchen fanden wir aber endlich ein Paar, das meinen Vorstellungen entsprach. Es grenzte an ein Wunder, Cathy hatte ihre Schuhe, der Urlaub war gerettet.

Ein Jahr später, mittlerweile im Kindergarten, lief ich meine erste kleine Modenschau. Was war das aufregend. Stolz wie Bolle präsentierte ich auf dem Laufsteg mein Outfit: ein Kleid in Pink, das Haar zu einem hohen Pferdeschwanz zusammengebunden und als Krönung knallpink geschminkte Lippen – mein persönliches Highlight. Der Lippenstift verschmierte sich dann gleich auf meinen Zähnen. Bis zu meinem dreizehnten Lebensjahr war ich übrigens blond. Irgendwann in der Pubertät dunkelte mein Haar nach, so wie es heute ist. Meinen ersten eigenen Lippenstift bekam ich mit fünf. Wir saßen im Nudelbrett, bei unserem Stammitaliener in München, und ich packte meine neue knallpinke Errungenschaft aus. Wie ein Honigkuchenpferd saß ich da und grinste bis über beide Ohren. Natürlich durfte ich den Lippenstift nicht im Kindergarten auftragen, daheim allerdings tat ich das andauernd, genauso wie Nagellack. Ich liebte es, mir die Nägel bunt zu lackieren. Mein Hang zur Mode köchelte also schon immer unter der Oberfläche. Ich hatte genaue Vorstellungen davon, was ich wollte und was mir stand, und auch einen guten Riecher, zu finden, was ich suchte. Wenn ich mit Freundinnen in Klamottenläden stöberte, war ich meistens die Erste, die fündig wurde. Das mag ein bisschen an den Genen liegen. Ich habe ja bereits von meiner Großmutter erzählt, der Modedesignerin mit eigener Boutique am Gärtnerplatz in München.

Mein Debüt auf dem Laufsteg – Modenschau im Kindergarten

57

Ich bin ein Kind der Neunziger, modisch gesehen ein umstrittenes Jahrzehnt. Egal was damals gerade angesagt war: Ich machte jeden Trend mit. Von Tic Tac Toe über Buffalo-Schuhe bis hin zu Tattoo-Ketten. Manches von dem, was in den Neunzigern aktuell und dann lange verpönt war, feiert heute ein Comeback. Nicht immer muss das sein. Ich jedenfalls mochte es damals, knallige bunte Farben auszuprobieren. Ich trug gerne bauchfreie Tops oder Blümchenhosen, alles in allem war ich sehr experimentierfreudig. »Langweilig« gab es bei mir nicht. Ausgefallene Outfits wurden in der Schule zu meinem Markenzeichen, und bei H&M war ich Stammkundin, dort begrüßten sie mich namentlich, sobald ich den Laden betrat.

Am liebsten ging ich mit meiner Mutter shoppen. Gerne wäre ich jedes Wochenende mit ihr losgezogen, doch da machte sie nicht mit. »Wo soll ich denn das ganze Geld hernehmen? Was willst du denn mit den vielen Klamotten?« Wenn wir dann aber zusammen unterwegs waren, hatte sie genauso viel Spaß wie ich. Wir verschwanden in der H&M-Filiale im Olympia Einkaufszentrum und blockierten eine Umkleidekabine auch schon mal für zwei Stunden. Anschließend gab es eine Stärkung bei McDonald's, für mich zwei Hamburger (ohne Gurke!). Unsere Shopping-Nachmittage waren ein lieb gewonnenes Mutter-Tochter-Ritual.

Vielleicht war die Modewelt für mich eine Art Flucht. Ein Ort, an den ich mich zurückzog, wenn das Leben zu kompliziert wurde und ich mich überfordert fühlte. In dieser Welt war alles leichter und schöner und man konnte für einen Moment vergessen, dass auch Trauriges und Unschönes auf der Welt passierte. Geliebte Menschen wurden krank, es gab Familienkonflikte oder jemand aus dem näheren Umfeld starb. Ich war ein sensibles, überlegtes und empathisches Kind. Bei Problemen und Sorgen anderer war ich sofort zur Stelle, fragte und wollte helfen. Ich mochte es überhaupt nicht, wenn es jemandem schlecht ging, der mir lieb war. Dann geriet meine Welt aus den Fugen, ich war auch noch nie gut im Verdrängen. Als meine Eltern in ihrer Ehe einmal eine Krisenzeit durchlebten, konnte ich die Spannungen nicht ertragen. Sie waren wütend, sie waren traurig, sie stritten, sie schwiegen. Das hielt ich nicht aus. Also redete ich mit beiden, immer abwechselnd, versuchte, zu vermitteln und Verständnis für den jeweils anderen aufzubringen. Damals war ich zehn Jahre alt. Und manch einer wird jetzt sagen, dass ich übertreibe. Meine Mutter wird es bestätigen, was ich hier schreibe. Ich konnte es damals, gerade in diesem jungen Alter, nicht ertragen, dass etwas in unserer Familie kaputtging. Ob oder welchen Einfluss ich dann letztlich hatte, kann ich nicht sagen. Am Ende blieben die beiden zusammen und sind heute glücklicher denn je. Natürlich war es mir persönlich ein Anliegen, dass sich meine Eltern wieder vertrugen, aber auch generell war ich immer harmoniebedürftig.

Als ich in die Schule kam, fühlte ich mich auf einen Schlag gleich viel erwachsener. Meine Leistungen waren ganz gut, sodass ich es schaffte, als einziges Mädchen aus der Klasse aufs Gymnasium zu kommen. HSK, Heimat- und Sachkunde, mochte ich besonders. Und Sport liebte ich. Auch eine Sache, die sich bis heute nicht geändert hat und die ich damals auch neben der Schule schon verfolgte.

Weil ich gut im Sport war, kam ich mit zwölf in unsere Cheerleader-Gruppe. Insgesamt waren wir zwanzig Mädels. Neben dem wöchentlichen Training fuhren wir zu Auftritten in der Umgebung, wo wir unsere Choreographien für Sportvereine oder Faschingsveranstaltungen präsentierten. Backstage herrschte immer ein einziges Tohuwabohu, alle wuselten umher, überall lag Schminke, Haarspraywolken verpesteten die Luft und eigentlich hatte man nie genug Zeit oder

Platz, um sich fertig zu machen. Wir unternahmen alles zusammen in der großen Gruppe, wie Mädchen, die zusammen aufs Klo gehen, das aber gleich zwanzigfach.

Auf dem Gymnasium waren es neben dem Sport dann eher die Fremdsprachen, für die ich mich begeistern konnte. Physik und Geschichte, na ja, nicht unbedingt mein Steckenpferd, was aber auch mit daran lag, dass meine Lehrer in diesen Fächern nicht sonderlich inspirierend waren. Mit dem Lernen generell kam ich gut zurecht. Wenn ich wusste, ich muss lernen, war ich sehr diszipliniert. Wenn am nächsten Tag eine Klausur anstand, blieb ich am Vorabend zu Hause und ging früh ins Bett.

Ich war keine Streberin, aber ich besaß ein gesundes Pflichtbewusstsein. Anfangs war es noch gesund, später wurde es zu extrem. Genau das wurde mir zum Verhängnis, weil es mir unmöglich war, auch mal abzuschalten. Es gab da diese zwei Pole in mir: nach innen ehrgeizig, pflichtbewusst, verbissen; nach außen locker, lustig, den inneren Druck überspielend. In der siebten und achten Klasse war ich sogar ein kleiner Klassenclown, ich war in einer Clique von Mädels, alles freche Gören, wir fanden uns einfach nur cool. So cool, dass wir uns über alle anderen stellten und keine Rücksicht auf deren Gefühle nahmen. Eine Aktion von uns war richtig fies und gemein, und sie tut mir heute noch von Herzen leid. Damals habe ich mich nicht mit Ruhm bekleckert …

6
Shitstorm 0.0

 cathyhummels ✓ • Folgen •••

 cathyhummels ✓ Lebt eure
Träume und glaubt an euch: EGAL
WAS ANDERE SAGEN! Ich wurde
schon sehr oft belächelt und vor
allem nicht ernst genommen. Oder
auch respektlos behandelt. Jaja ...
das kam schon sehr oft vor. Aber ich
denke mir dann immer. Cathy, mach
einfach dein Ding. Wer nicht weiss
wie man Menschen zu behandeln
hat, der bekommt das zurück. Karma
is ne Bitch . Und so mache ich
einfach immer weiter und höre auf
mein Herz. Egal ob Misserfolg oder
Erfolg, das Wichtigste ist: ICH BIN
GLÜCKLICH, weil ich mein Leben so
lebe wie ICH es will. Nicht wie andere
es von mir verlangen. Glaubt mir, das
hat auch ein paar Jahre gebraucht
bis ich das verstanden hab. Aber ich
habe es verstanden und deswegen
will ich euch immer positive Energie
UND Selbstliebe vermitteln. (Auch
weil ich diese erst seit ein paar
Jahren habe. Zweifel an mir
begannen mit 14 Jahren. Das waren
oft sehr düstere Zeiten. Optimismus
kann man lernen ❤️)

♡   ◁   ▭

Gefällt 8.404 Mal

17. SEPTEMBER 2019

Ich glaube daran, dass jeder Mensch in seinem Leben mit
den eigenen Taten gutes und schlechtes Karma sammelt. Später kehrt alles zu einem zurück, in welcher Form auch immer.
Es gab eine Phase in meiner Jugend, auf die ich rückblickend

nicht stolz bin und für die ich sicherlich einige Negativ-Karmapunkte kassiert habe.

In der siebten Klasse war ich, wie gesagt, Teil einer Mädelsclique, und wie das in dem Alter so ist, testeten wir unsere Grenzen aus. Das taten wir bei denen, die in unseren Augen die vermeintlich Schwächeren waren. Eines Tages nahmen wir einen unserer Lehrer ins Visier. Warum ihn? Er war eine gute Seele, tat keiner Fliege etwas zuleide, im Grunde hatten wir nichts an ihm auszusetzen. Nur »nein« sagen, das konnte er nicht, und genau das nutzten wir knallhart aus. Wir lachten über ihn in seiner Gegenwart, wir stichelten gegen ihn, wann immer sich eine Gelegenheit bot, wir mobbten ihn systematisch. Mit vierzehnjährigen Mädels ist nicht zu spaßen, erst recht nicht, wenn sie im Rudel auftreten und sich, wie wir in unserer Clique, stark, unangreifbar und cool fühlten.

Besonders gehässig war es, wenn wir uns über die Schweißflecken lustig machten, die sich unter seinen Achseln abzeichneten. »Sie schwitzen ja schon wieder!«, kicherten wir im Unterricht, wohlwissend, dass wir ihn durch unsere Verbalattacken noch mehr ins Schwitzen brachten. »Sie haben riiiiiesengroße Schweißflecken.« Der arme Kerl war damals noch jung, vielleicht um die dreißig, und es war sein erstes Jahr bei uns am Gymnasium. Unser Verhalten ihm gegenüber, die Respektlosigkeit, übertrug sich auf die ganze Klasse. Plötzlich fühlten sich auch die anderen animiert, uns nachzueifern. Bevor der Lehrer in die Klasse kam, versteckten wir die Kreide und Lernutensilien, im Unterricht äfften wir ihn nach, sobald er uns den Rücken zukehrte, wir waren vorlaut und ließen uns nichts von ihm sagen. Wir nahmen ihn einfach nicht ernst, und das machte ihn fertig. Damit zermürbten wir ihn. Und ich – ich gebe es zu – gehörte zu den Schlimmsten, zu den Gören, die ihm am meisten zusetzten.

In meiner gesamten Schullaufbahn bekam ich nur ein einziges Mal einen offiziellen Verweis, und zwar von diesem Lehrer. Den hatte ich auch wirklich verdient. Irgendwann war er am Ende seiner Kräfte, er rastete aus, packte einen Tisch und knallte ihn gegen einen anderen, zerbrach dabei einen meiner Stifte. Und ich, unbeeindruckt, cool, fies: »Nun schauen Sie mal, was Sie jetzt davon haben. Sie haben auch noch meinen Stift kaputt gemacht.« Das war zu viel. Er wurde laut und beschimpfte uns. Auch das ließ uns kalt. Daraufhin bekam jeder von uns einen Verweis. Kurze Zeit später gab der Lehrer unsere Klasse an einen seiner Kollegen ab.

Heute schäme ich mich für mein Verhalten. Wenn mein ehemaliger Lehrer jemals mein Buch lesen sollte, möchte ich mich hiermit in aller Form bei ihm entschuldigen. Weshalb ich mich damals so verhielt, hatte eine Vorgeschichte, die einiges erklärt, ohne dass sie das Mobbing entschuldigt. Es gibt keine Rechtfertigung dafür, andere zu mobben, fertigzumachen, zu erniedrigen, heute nicht, damals nicht. Nicht auf dem Schulhof und auch nicht in den sozialen Medien. Jeder verdient Respekt. Aber dazu komme ich noch ausführlich.

Was mich damals zur Mobbing-Täterin machte, war meine Erfahrung als Mobbing-Opfer, ein Jahr zuvor, im Alter von dreizehn Jahren. Damals erlebte ich meinen ersten Shitstorm, lange bevor ich an so etwas wie soziale Medien überhaupt denken konnte. Ein einschneidendes Erlebnis, das mir für Jahre mein Selbstvertrauen rauben sollte.

Der Reihe nach. Mit dreizehn kam ich langsam in die Pubertät, wir Mädels fingen an, mit BHs herumzuexperimentieren. Wir hatten ja noch keinen wirklichen Busen, aber so ein BH gehörte halt dazu und einige von uns stopften ihren mit Push-up-Pads aus. Das war kein Geheimnis, wir wussten das voneinander. Das tat auch ich, weil ich mich zu flach fühlte. Eines

Tages übten wir im Sportunterricht Weitsprung. Dann kam ich an die Reihe. Ich nahm Anlauf, sprang ab und zack – mein Push-up-Pad glitt aus meinem Shirt heraus und landete neben mir auf dem Boden. Mir war das gar nicht aufgefallen, bis eine Mitschülerin durch die ganze Halle rief:»Hey, Cathy, du hast da was verloren.« Und falls es noch nicht jeder mitbekommen hatte, setzte sie nach:»Das da ist doch dein Push-up!« Und tatsächlich, da lag das Pad, in knalligem Pink, nicht zu übersehen.»Hoppla, muss mir rausgefallen sein«, sagte ich nur, nahm das Pad und stopfte es wieder dorthin, wo es hingehörte. Alle lachten, ich auch.

Damit wäre das kleine Missgeschick eigentlich erledigt gegessen. Fehlanzeige. Eines der Mädchen hatte nichts Besseres zu tun, als am nächsten Tag überall herumzutratschen, der dummen Cathy sei beim Sport 'was total Peinliches passiert:»Die hat ihren falschen Busen verloren.« Als dreizehnjähriges pubertierendes Mädchen, das kann sich jeder vorstellen, war das unglaublich unangenehm, bald hatten alle in der Schule davon gehört, natürlich auch die Jungs, die anzügliche Sprüche brachten. Von da an nannten mich alle nur noch »Push-up«. Wenn meine Mitschüler mich sahen, riefen sie schon von Weitem»Push-up-Cathy, Push-up-Cathy ...«

In der Zeit trennte sich die Spreu vom Weizen, ich verlor einige meiner angeblichen Freudinnen, die wenigsten – echten Freunde – hielten zu mir. Viele schnitten mich allein aus dem Grund, weil es ihnen peinlich war, mit mir gesehen zu werden. So entsteht eine Gruppendynamik, und ich war mittendrin und wusste gar nicht, wie mir geschah. Kurz nach dem Vorfall gab eine Mitschülerin ihre Geburtstagsparty. Als ich ankam, sagte sie mir ins Gesicht:»Hau du mal gleich wieder ab, du bist doch Push-up.« Das war hart. Eine ähnliche Erfahrung machte ich, als ich mich direkt nach dem Unterricht mit Andreas, meinem damaligen Schwarm, treffen wollte. Mein soziales Umfeld war zu dem Zeitpunkt schon ziemlich dezimiert, deswegen durfte wenigstens mit Andreas nichts schiefgehen. Entsprechend nervös war ich. Weil ich keinen Spiegel zur Hand hatte, musste ich beim Schminken improvisieren und trug Lippenstift und ein bisschen Make-up blind auf. Ich zeigte das Ergebnis einer (dachte ich) sehr guten Freundin. Ihr Urteil:»Sieht super aus, vielleicht noch zu dezent.« Ich legte ein bisschen nach. Dass die anderen Mädels kicherten, hätte mir zu denken geben sollen. Egal, bestimmt irgendein Insider, dachte ich. Frisch geschminkt und voller Vorfreude traf ich Andreas. Als der mich sah, bekam er einen Lachanfall. Ich rannte auf die Toilette und sah das ganze Elend im Spiegel: Mein Make-up bröckelte mir schon fast vom Gesicht, so dick war die Schicht auf meiner Haut, und der Lipliner war weit über die Lippe hinausgezogen, das Ganze sah aus wie eine Fratze. Ich rannte sofort nach Hause.

Ich musste damals hart dafür kämpfen, um von meinen Mitschülern wieder akzeptiert und in den alten Freundeskreis (der den Namen nicht verdiente) aufgenommen zu werden. Während dieser Zeit war ich viel allein. Natürlich versuchte ich, neue Freunde zu finden, aber das war leichter gesagt als getan. Zum einen passte ich nicht mit jeder und jedem zusammen, und zum anderen existierten mehr oder weniger feste Strukturen und Grüppchen. Für mich war es brutal, aus meiner eigenen Clique ausgeschlossen zu sein. Ausgemacht habe ich das letztlich mit mir allein. Zu Hause, in meinem Zimmer, meinem Nest, weinte ich oft. Als dreizehnjähriges Mädchen willst du nicht ausgeschlossen werden.

Allmählich besser wurde es erst mit vierzehn oder fünfzehn. Im Lauf der Zeit wurde es wohl langweilig, immer wieder »Push-up-Cathy« zu mobben. Ich glaube, dass ich aus diesem Grund eineinhalb Jahre später das Gleiche mit meinem Lehrer anstellte. Ich mobbte, um cool zu sein. Ich wollte dazugehören, auf Teufel komm raus, obwohl es überhaupt nicht meinem Naturell entspricht, andere zu beleidigen oder zu schikanieren. Jede Medaille aber hat zwei Seiten: Damals lernte ich auf die harte Tour, was wahre Freundschaft bedeutet, wer zu dir steht und wer dir in den Rücken fällt, wenn es zählt.

Wäre ich ein weniger sensibler Charakter gewesen, hätte ich ein dickeres Fell gehabt, hätte mir das Ganze vielleicht gar nicht so viel zugesetzt. Aber damals war mir nicht nur wichtig, wieder von meiner Clique akzeptiert zu werden, gleichzeitig wollte ich eine gute Schülerin sein. So bin ich erzogen worden. Liebevoll ja, aber auch mit einer gewissen Strenge, wenn es darum ging, Leistung zu bringen. Sei pflichtbewusst, erfülle deine Aufgaben, sei gut in der Schule. Wenn du nichts lernst, wirst du nichts. Ich hatte Angst, schlechte Noten nach Hause zu bringen, weil man mich dann für eine Versagerin halten würde. Eine Drei oder Vier waren schon eine Katastrophe, eine Fünf der absolute Weltuntergang. Deswegen wurde aus meinem Pflichtbewusstsein irgendwann eine regelrechte Pflichtbesessenheit. Ich hatte keinen Blick dafür, wann es genug war, konnte nicht loslassen und lernte weiter und weiter, machte noch eine Aufgabe, übte hier noch mal zehn Minuten und da noch mal zehn Minuten und gönnte mir nur selten eine Auszeit. Schulisch gesehen hatte ich daher keine großen Schwierigkeiten – bis zu meinem sechzehnten Lebensjahr, bis zu meiner Depression.

Jeder, der schon einmal Depressionen hatte, kennt die Fragen, die man sich stellt und die auch ich mir stellte: Warum mache ich das? Warum bleibt das jetzt in meinem Kopf? Wie funktioniert das alles? Wer bin ich eigentlich? Ich stellte alles infrage und geriet immer tiefer in diese Teufelsspirale. Diese Gedankenkreisel machten mich irre. Das war der Zeitpunkt, an dem ich anfing, Prüfungsangst zu bekommen. Ich traute mir selbst nichts mehr zu, konnte mich nur schwer konzentrieren, hinterfragte alles und hinterfragte mich. Nichts ergab mehr einen Sinn.

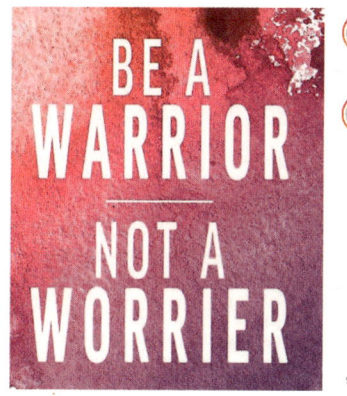

 cathyhummels ✓ • Folgen   •••

 cathyhummels ✓ Mein Motto ❤️ bezieht sich auf alles. Wer nicht für sein Glück kämpft und sich auch nur sorgen gemacht, der gewinnt auch nicht. Lets fight for our dreams and rights ❤️ Danke für eure Unterstützung #werbung #weil #einfachso

103 Wo.

Gefällt 7.083 Mal

9. JULI 2018

Jeder ist seines eigenen Glückes Schmied, heißt es so schön, und wenn mein Buch für dich ein Anstoß ist, auf dein persönliches Glück hinzuarbeiten, fände ich das sehr schön. Im Alltag vergessen wir zu oft, wie wichtig es ist, ab und zu auf sich selbst zu schauen und zu fragen: Was brauche ich eigentlich gerade? Das gilt für jede und jeden von uns. Speziell möchte ich mich an dieser Stelle an alle Mütter wenden, von denen viele dazu tendieren, sich für ihre Kinder komplett aufzugeben. Für sie würden wir alles geben, ich weiß das, da ticke ich nicht anders. Um das aber überhaupt zu schaffen, ist es nötig, gelegentlich Zeit für sich selbst einzuräumen. Niemand sollte sich komplett zurückstellen für Job, Familie oder andere Verpflichtungen. Der Grad der eigenen inneren Balance und Zufriedenheit wirkt sich zwangsläufig auf die Umwelt aus – negativ wie positiv. Ausbalanciert, zufrieden, glücklich sind wir nur, wenn wir es schaffen, uns nicht selbst zu blockieren und angstfrei zu leben.

Ängste und wie man sie bewältigt – ich gebe zu, das war immer ein Riesenthema für mich. Mit Ängsten habe ich lange Jahre gekämpft, habe mich ihnen zeitweise völlig untergeordnet, mich einerseits von ihnen bezwingen lassen, obwohl ich doch andererseits eigentlich ein mutiger Mensch bin und keine Herausforderung scheue. Wie passt das zusammen? Wenn es darum ging, ein Risiko einzugehen, etwas zu erleben oder todesmutig eine neue Erfahrung zu machen, hatte ich keine Scheuklappen. Ich ging rein in eine Situation, hallo, hier bin ich! Eine Portion Bammel hätte mir da manches Mal ganz gutgetan. Wenn es aber darum ging, mit inneren Konflikten klarzukommen, mit der Frage, ob das, was ich kann und was ich tue, genügt, ob *ich* genüge, und den Anforderungen, die man an mich stellte (oder ich an mich selbst), haben mich Gefühle von Furcht und Unsicherheit überwältigt.

Im Winter fuhren wir zum Skifahren regelmäßig auf einen Naturbauernhof nach Kitzbühel. Bis zu meinem fünfzehnten Lebensjahr verbrachten wir dort mit Freunden meiner Eltern und deren Kindern auch den Nikolaustag sowie Silvester und Neujahr. Ein Highlight war die sogenannte Elefantenrunde, die »KitzSki Line«. Sie führt von Kitzbühel/Kirchberg zur Resterhöhe/Pass Thurn, insgesamt fünfunddreißig Pistenkilometer. Im Skibus ging es morgens los, dann fuhren wir den ganzen Weg auf Skiern zurück. In diesem Skigebiet stand ich mit drei Jahren zum ersten Mal auf Skibrettern, als kleiner Stöpsel eroberte ich die Pisten von Kitzbühel! Tatsächlich stellte ich mich gar nicht schlecht an, was auch daran lag, dass ich ohne Angst drauflosfuhr. Kinder machen sich ja keine Gedanken über Gefahren.

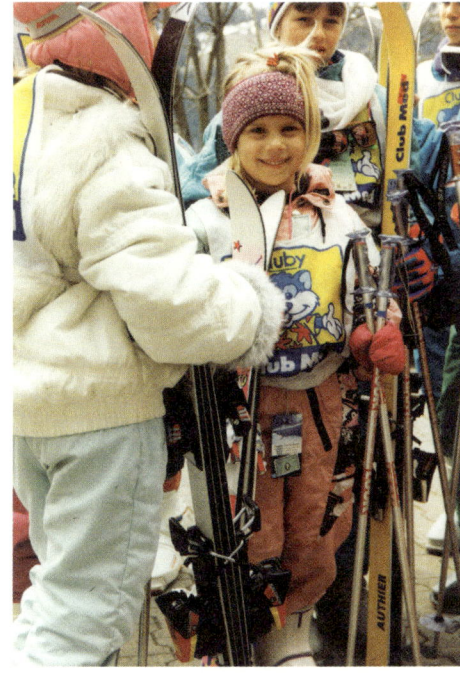

Den Mutigen gehört die Welt – wieder mal auf der Piste

Diese Draufgängermentalität brachte mich mitunter in brenzlige Situationen. Die Premiere meiner Skiunfälle beging ich mit vier Jahren, allerdings kann ich mich nicht daran erinnern. Mir wurde erzählt, ich sei im Schneepflug den Hang hinuntergeprescht, habe es dann nicht geschafft zu bremsen und sei mit voller Wucht auf dem Bauch gelandet. Von solchen Missgeschicken ließ ich mich nicht abschrecken und stand sofort wieder auf den Brettern. Das Motto meiner Eltern lautete pragmatisch: »Alle, mit denen wir oben losfahren, die müssen auch unten ankommen. Wir fahren zu fünft in den Wald? Dann müssen fünf auch wieder draußen sein, bevor es weitergeht.« Dabei waren es nicht selten die Erwachsenen, die zusehen mussten, dass sie uns Kindern hinterherkamen.

Einmal, da war ich elf, waren wir mit Freunden und deren Tochter im bayrischen Sudelfeld. Ich passte ein bisschen auf Nadine auf, denn sie war vier Jahre jünger als ich. An einem Morgen fuhren wir abseits der Piste auf einem Waldweg den Berg hinunter, als Nadine in den Tiefschnee stürzte. Was nicht weiter schlimm war. Ich zog sie mit einem Stock heraus und marschierte aus dem Wald heraus zurück auf die Piste. Dabei rief ich ihr noch zu, sie solle mir folgen, und drehte mich dabei zu ihr um. Das war ein Fehler, denn was ich nicht bemerkt hatte: Es handelte sich um keine normale Piste, sondern um eine Rennstrecke. In der Sekunde kam auch schon ein Skifahrer mit voller Geschwindigkeit angeschossen, erwischte mich und zack! – flog ich im Rückwärtssalto durch die Luft. Meine Mutter sah den Unfall aus der Ferne und dachte wirklich, das war's. Es muss richtig übel ausgesehen haben. Ich schlug zwar hart auf, blieb aber unversehrt. Mein Schutzengel war an dem Tag besonders aufmerksam.

Während eines anderen Skiurlaubs probierte ich mal sogenannte Stunt-Skier, sie sind etwas kürzer als normale Skier und vorn und hinten leicht nach oben gebogen. Wieder fuhr ich auf Waldwegen abseits der Piste, auf steilen Hängen und auch mal über kleine Schanzen. Da ich mit den neuen Skiern noch nicht vertraut war, war mir nicht bewusst, wie sie bei Schanzensprüngen reagierten. Ich fuhr also über die Schanze und sofort riss es mich hoch. Mit Saltos hatte ich ja schon meine Erfahrungen, nur dieses Mal kam ich nicht so glimpflich davon, landete fies auf dem Rücken und konnte mich nicht bewegen. Stocksteif lag ich da, wie gelähmt durch den Schock und die Schmerzen. Ein Helikopter musste mich holen und ins nächste Krankenhaus bringen. Und wieder hatte ich ein Riesenglück gehabt, nichts war gebrochen, ich hatte keine inneren Verletzungen, aber ich trug schlimme Prellungen davon, die mich noch wochenlang begleiteten. Schmerzen, die ich meinem ärgsten Feind nicht wünschen würde. Auch später, im Erwachsenenalter, war ich nicht weniger halsbrecherisch, bei vereister Piste hieß es, Kopf ausschalten und schnurstracks runter.

Was sagen diese Episoden über mich aus? Auch wenn ich grundsätzlich ein sicherheitsbedachter Typ bin, zumal seitdem ich ein Kind habe, scheue ich nicht das Risiko per se und neue Herausforderungen reizen mich mehr, als dass sie mich abschrecken. Sich nach außen zu öffnen, als mediale Figur, ja, auch dieses Buch zu schreiben, selbst damit gehe ich ein gewisses Risiko ein, weil ich nicht weiß, wie die Menschen reagieren werden. Im Lauf der Jahre ändert sich der Blick aufs Leben und das, worauf es ankommt. Ich habe erzählt, wie mich der Tod meines Großvaters aus der Bahn warf. Als Kind ist der Umgang mit Verlusten nichts Greifbares, es bleibt im Ungefähren. Einen Menschen zu verlieren, der mir nahesteht, das macht mir heute konkret Angst. Dass meinem Sohn, meinem Mann, meinen Eltern, Geschwistern oder Freunden etwas zustoßen könnte, ist ein Gedanke, den ich beiseiteschiebe. Den lasse ich nicht an mich ran. Natürlich leben wir jeden Tag mit der Gewissheit, dass es irgendwann vorbei ist, und niemand kann vorhersehen, was danach kommt oder ob überhaupt etwas kommt. Es bringt aber auch nichts, deshalb in Verzweiflung oder Traurigkeit zu verfallen. Das ist der Lauf des Lebens. Als Familie versuchen, möglichst viel Zeit miteinander zu verbringen und diese Zeit zu genießen und lieb zueinander zu sein, das ist es, was zählt.

Man weiß nie, ob dieser Tag vielleicht der letzte ist. Meine Eltern sind jetzt um die sechzig. Das ist eigentlich kein Alter, aber meine beiden Großväter starben mit dreiundsechzig. Meine Großmutter, die Mutter meines Vaters, erkrankte an Krebs, und es war ein langer Leidensweg, den sie zu beschreiten hatte. Der Krebs fraß sie förmlich auf. Wir hatten lange keinen Kontakt gehabt, aber als sie die Diagnose erhielt, war es ihr ein Bedürfnis, ihren Sohn, ihre Schwiegertochter und ihre Enkel noch einmal zu sehen. Wirklich gesund und voll im Leben stehend kannte ich sie nie. Damals sagte sie zu mir: »Da hab ich dich endlich wieder in meinem Leben und jetzt muss ich bald gehen.« Das machte mich traurig, ich mochte sie. Als sie starb, war es schwierig für mich zu trauern, weil sie dennoch wie eine Fremde für mich war.

 cathyhummels ✓ • Folgen ···

 cathyhummels ✓ Als ich in der Früh ins Taxi stieg, da dachte ich mir: "Oh man Cathy, warum hast du so viel getrödelt? Du kommst bestimmt viel zu spät und die Zeit reicht nicht mehr und du verpasst deinen Flug." Ich war viel zu früh da. Es war nämlich kein Verkehr, also auch kein Stau und es gab auch keine Schlange an dem Schalter. Also hatte ich, anders als erwartet, ganz entspannt Zeit. Was ich damit sagen will ist, dass Zeit doch eigentlich das wertvollste ist das wir haben. Wir sollten uns mehr Zeit nehmen für die Dinge die uns wirklich wichtig sind und uns gut tun. Weg von dem Stress, von dem Druck alles zu schaffen. 🚤 Kroatien ich komme. CaMa, ich kann es nicht erwarten! #seelebaumelnlassen #CaMa #meer #sonne #strand #wellness #zeit

253 Wo.

Gefällt 3.179 Mal

21. AUGUST 2015

Der Tod erinnert uns daran, was wirklich wichtig ist. Die verpasste Zeit, die Jahre, die sie meine Großmutter und ich ihre Enkelin hätte sein können, ließen sich nicht nachholen. Zeit ist das kostbarste Gut, das wir haben. Deshalb versuche ich, die wesentlichen Dinge im Blick zu behalten und dankbar zu sein. Das gelingt mir nicht immer.

Meine Eltern sind katholisch, und ich wurde im katholischen Glauben erzogen. Es ging bei uns nie strenggläubig zu, aber doch traditionell und die Rituale der Kirche achtend. Heute bin ich zwar keine regelmäßige Kirchengängerin – und es gibt genügend Gründe, die Amtskirche zu kritisieren –, dennoch würde ich niemals austreten wollen. Vielen Menschen hilft der Glauben, Halt zu finden und mögliche Erklärungen für das, was wir nicht greifen und erklären können. Ich glaube eher an eine Kraft und hoffe auf »etwas«. Den Gedanken, dass geliebte Menschen nach dem Tod einfach verschwunden sind, finde ich grausam, und ich weigere mich, ihn zu akzeptieren. Wir besitzen einen Körper, eine Seele und eine Persönlichkeit – das macht uns als Mensch aus. Und ich bin überzeugt, dass wenn der Körper stirbt, »etwas« von uns bleibt. Die Persönlichkeit, die Seele – sie bleibt in Form von Energie. Es gibt den Satz der Energieerhaltung, sprich, dass die Energie aus dem Körper des Menschen weicht und zu etwas anderem übergeht. Aber sie ist nicht verloren, sie ist noch da. Ich glaube, wie schon erwähnt, an Karma. Daran, dass deine guten Taten irgendwann, in welcher Form auch immer, zu dir zurückkommen.

Und ich glaube an gewisse Werte, mein Wertegerüst ist geprägt durch meine Erziehung. Ehrlichkeit, Aufrichtigkeit stehen mit an erster Stelle. Auf Kosten anderer Menschen erfolgreich zu sein oder für die eigenen Ziele über Leichen zu gehen, widerspricht meinem Wertegerüst. Stattdessen einen ehrlichen Umgang miteinander zu pflegen, privat wie beruflich, auch wenn man nicht einer Meinung ist. Ich würde niemals andere an der Nase herumführen, nur um einen Vorteil für mich herauszuschlagen. Ich denke auch, dass man Menschen so sein lassen sollte, wie sie sind, und nicht versuchen sollte, sie nach seinen Vorstellungen zu modellieren. Natürlich, wenn ich merke, dass jemand ein Problem hat, bin ich für sie oder ihn da. Das wird oft unterschätzt – einfach da sein, zuhören, eine Schulter zum Anlehnen bieten. Dabei ist es so simpel, so hilfreich.

In den Jahren, als ich auf der Suche nach mir selbst war, habe ich mich intensiv mit Psychologie auseinandergesetzt. Ich kann heute Menschen besser einschätzen als früher, kann sie lesen, das gilt im Privaten wie im Beruflichen. Wenn es darum geht, Geschäftsbeziehungen einzugehen, schaue ich den Menschen immer erst in die Augen. Der erste Eindruck, das Bauchgefühl, ist entscheidend. Ich habe gelernt, mehr intuitiv zu handeln. Wenn man ein schlechtes Gefühl hat, sollte man eine Sache lassen. Der erste Impuls ist meistens der richtige.

8
Mit sechzehn änderte sich alles

cathyhummels ✓ • Folgen   •••

cathyhummels ✓ 🌷 Kurt Cobain 🌷
#this #alwaysbeyourself

288 Wo.

♡ ○ ◁   🔖

Gefällt 2.580 Mal

19. DEZEMBER 2014

Kurt Cobain hat absolut recht. Die Menschen streben oft danach, sich anzupassen und so zu sein wie andere. Dabei vergessen sie, wie toll sie mit ihrer ganz individuellen Persönlichkeit eigentlich sind, mit all ihren Ecken und Kanten. Jeder Mensch ist anders, und diese Vielfalt ist doch gerade das Schöne. Ich versuche, in allem, was ich tue, auf mein Herz zu hören, schwimme dadurch oft gegen den Strom und polarisiere entsprechend stark. Deshalb kann ich dieses Lebensmotto von Kurt Cobain nur unterschreiben – und posten! Inspirationen wie diese teile ich gern mit meiner Community. Allerdings stand ich nicht immer so über den Dingen, wie ich es jetzt tue. Ich musste erst lernen, stolz darauf zu sein, wer ich bin.

Was damals, als ich sechzehn wurde, genau mit mir passierte, weiß ich bis heute nicht im Detail. Auch wenn ich später versuchte, die Puzzleteile zu einem Ganzen zusammenzufügen. Nur so viel weiß ich: Etwas in mir veränderte sich. Plötzlich nahm ich die Welt und mich selbst anders wahr als zuvor. Mit vierzehn war ich ein normaler Teenager, mit allen Höhen und Tiefen der Pubertät. Die Mobbing-Phase war zum Glück vorbei. Dann, mit fünfzehn, ging es langsam los. Auf einmal fühlte ich mich nicht mehr wohl mit mir und stellte vieles, was bis dahin selbstverständlich war, infrage. Ich dachte viel nach, verfiel ins Grübeln, lachte weniger, wurde ernster, und diese Gefühlslage wusste ich nicht einzuordnen. All diese Dinge schlichen sich nach und nach in meinen Kopf. Und auch körperlich wurde ich mir fremd. Ich empfand mich als zu dick und begann mit einer Diät, achtete verstärkt auf meine Ernährung und machte deutlich mehr Sport, wodurch ich mich zunächst besser fühlte. Wenn auch nur für kurze Dauer, das Unwohlsein holte mich wieder ein. Wie ein Schatten, der einen immer verfolgt.

Vielleicht ist das die Phase, die andere Mädchen auch durchleben, wenn sie in die Pubertät kommen, dachte ich anfangs. Man mag sich nicht, findet sich hässlich, ungewollt, ist verunsichert. Es entsprach aber schon damals nicht meinem Charakter, eine unangenehme Situation einfach hinzunehmen. Ich bin ein Typ, der in den Kampfmodus verfällt, wenn es nicht so läuft, wie ich es mir vorstelle. Ich wollte eine Lösung finden, einen Weg aus dem Abwärtsstrudel heraus, in dem ich mich befand. Wie gesagt, mein erster Lösungsansatz, Diät und Sport, änderte nur kurzfristig etwas. Heute vermute ich, dass es Erlebnisse in meiner Vergangenheit gegeben haben muss, die ich nicht verarbeitet hatte. Die Tatsache, das mittlere Kind zu sein, das Mobbing in der Schule – vielleicht holte mich das alles ein.

Die Situation spitzte sich im März 2004 zu. Da wurde mir richtig klar: Das war keine Laune, keine pubertäre Phase, die ich durchmachte, sondern mit mir stimmte etwas nicht. Die Pfingstferien verbrachte ich, wie schon im Jahr zuvor, mit meiner Freundin Julia in Italien. Ihre Eltern mieteten jedes Jahr eine Wohnung in Marina di Camerota, in der Provinz Salerno, und hatten mich eingeladen, mitzukommen. In diesen Tagen war ich kaum wiederzuerkennen. Ich war antriebslos, konnte an nichts mehr Freude finden, war traurig und weinte sehr viel. Ohne dass es einen konkreten Grund für diese Traurigkeit gegeben hätte, sie war einfach da, und ich schaffte es nicht, mich ihr zu entziehen. Im Jahr zuvor war alles anders gewesen. Ich hatte die Tage am Meer genießen können, es war lustig zugegangen, und ich weiß noch, wie unbeschwert und glücklich ich mich in Italien gefühlt hatte. Ein Jahr später war ich wie ausgewechselt, ein anderer Mensch. Ich hatte mein Lachen verloren, obwohl ich immer ein lebensfrohes Mädchen gewesen war. Ich musste immer wieder an meine beiden Großväter denken. Dabei war es schon eine Weile her, dass sie gestorben waren.

Julia spürte, dass mit mir etwas nicht stimmte und sprach mich darauf an. Früher hatten wir zusammen die Gegend unsicher gemacht. Wir hingen mit anderen Jugendlichen aus dem Dorf ab, tranken auch mal ein Bier oder gingen Pizza essen. Solche Aktivitäten konnte ich nicht mehr genießen, nicht einmal das Meer, das ich sonst so liebte. Am Strand suchte ich mir eine Stelle abseits von allen anderen, ich schlief sehr viel, auch tagsüber, und so sehr ich mich bemühte, fast zwanghaft bemühte, Dinge zu finden, die mich glücklich machen würden, ich schaffte es nicht. »Ich weiß es nicht, was los ist«, antwortete ich Julia, »ich bin einfach traurig.« Sie akzeptierte das, ließ mich in Ruhe. Was hätte sie auch tun sollen, wo ich doch selbst nicht verstand, warum ich mich so verhielt. Dann hörte ich auf zu essen, weil ich keinen Hunger mehr verspürte und nahm in kurzer Zeit neun Kilogramm ab. Ich konnte nichts zu mir nehmen, weil diese Traurigkeit mich von innen auffraß. Alles war grau und trist, nichts ergab Sinn. Ich war unglücklich.

Im April 2004, kurz bevor ich für ein Austauschjahr nach Amerika ging, wurde es richtig schlimm. Es überkam mich eine Art von Angst, die ich nicht kannte. Sonst hatte ich mich in neue Situationen hineingestürzt, jetzt war das Unbekannte ein großes schwarzes Loch. Obwohl ich gleichzeitig unbedingt nach Amerika wollte. Ich wusste nicht, was auf mich zukam. Ein anderer Kontinent, eine andere Kultur, andere Menschen – und das alles weit weg von zu Hause. Vermutlich hatte ich mich in der Zeit davor schon vor diesem Schritt gefürchtet, wusste aber nicht, wie ich dieses Gefühl der Überforderung einordnen sollte, und reagierte darauf mit Traurigkeit. Hinzu kam natürlich der Druck, besonders gute schulische Leistungen zu erbringen, damit ich nach dem Auslandsjahr mit der zwölften Klasse weitermachen könnte, und nicht die elfte wiederholen müsste. Mein Bruder hatte es geschafft, ich musste es also auch schaffen!

Meine Eltern wussten damals um meinen Gemütszustand. Meine Mutter machte sich Sorgen, sie sah, wie extrem ich an Gewicht verlor, und war überzeugt, ich sei in die Magersucht abgerutscht. In diesem Zustand wollte sie mich nicht für ein Jahr ins Ausland gehen lassen. Sie selbst hatte einige Erfahrungen mit der Thematik im Familien- und Freundeskreis gemacht und war dadurch sensibilisiert für das, was gerade mit mir passierte. Außerdem gab es, wie wir später herausfanden, eine genetische Vorbelastung auf eine Depression in der Familie. Mein Großvater Albert war Anfang der Achtzigerjahre im LMU-Klinikum in München behandelt worden, in der Klinik, in der mein Bruder später als Assistenzarzt tätig war. Während seiner Zeit dort konnte er die Akte meines Großvaters einsehen und nachlesen, worunter er gelitten hatte. Es lag also auch eine gewisse genetische Tendenz zur Depression vor.

Meine Mutter bestand darauf, ich solle eine Therapie gegen die Essstörung machen, das war ihre Bedingung, dass ich nach Amerika gehen durfte. »Mama, ich habe keine Essstörung, ich bin einfach nur traurig«, sagte ich. Keine Chance, sie ließ sich von diesem Plan nicht abbringen. Also suchten wir eine Therapeutin, und ich begann eine Gesprächstherapie. Das Problem war aber: Die Therapeutin stellte die Diagnose einer Magersucht und behandelte demnach mein Essverhalten. Bis heute bin ich davon überzeugt, dass diese Diagnose falsch war und ich schon damals unter einer Depression litt. Mehrmals versuchte ich, der Therapeutin und meiner Mutter klarzumachen, dass ich kein Essproblem hatte – leider vergeblich. Natürlich war mein Gewichtsverlust ein Teil des Problems, ein Symptom, aber die Ursache lag woanders. Widerwillig und wenig überzeugt ging ich zu fünf oder sechs Sitzungen, die mir persönlich nichts brachten, aber wenigstens durfte ich am Ende wie geplant in mein Austauschjahr starten.

Zu der Zeit suchte auch mein Bruder Sebastian das Gespräch mit mir. Meine Mutter hatte ihn darum gebeten, weil wir aufgrund unserer vertrauten Beziehung sehr gut miteinander reden konnten und er sich außerdem schon damals für Psychotherapie interessierte. Wir gingen in unser Lieblingsrestaurant am Goetheplatz und unterhielten uns darüber, was gerade mit mir passierte. Dabei sprachen wir auch über Anorexie. Er sagte mir, ich solle bloß aufpassen, bei der Gewichtsabnahme nicht den Punkt zu überschreiten, an dem es zu psychischen Beschwerden, Zwanghaftigkeit und Ängstlichkeit kommen könne. Er warnte mich davor, irgendwann in eine Spirale zu geraten, in der man den Kontakt zur Wirklichkeit verliert und nur noch das eigene Gewicht eine Rolle spielt.

Ich nahm seine Sorge natürlich ernst, sowohl die brüderliche als auch die medizinische. Er hatte in gewisser Weise schon recht. In Phasen, in denen es mir schlecht ging, nahm ich ab, und dieser Gewichtsverlust wiederum wirkte sich negativ auf meine Psyche aus. Eine dünne Cathy war damals also ein Alarmsignal an mein Umfeld für: Cathy geht es schlecht. Dazu muss ich ausdrücklich sagen, dass ich nie jemand war, der zu wenig aß, sondern eher sehr stark regulierte, was ich aß, oder eben stark gegenregulierte mit Sport. Durch meinen Bruder bekam das Ganze für mich erstmals einen Namen – Orthorexie.

Schon damals, vor seinem Medizinstudium, brachte er auf den Punkt, woraus sich mein Problem zusammensetzte, und half mir damit enorm weiter. Heute ist es ihm als Facharzt für Psychiatrie und Psychotherapie natürlich möglich, eine noch genauere Diagnose zu stellen. Rückblickend stuft er meine erste Depression als leicht bis mittelschwer ein, bedingt durch eine Kombination aus genetischer Veranlagung in der mütterlichen Blutlinie, einer Pubertätskrise, dem Wegbrechen von Kontakten, dem Spannungsfeld von Zukunftsfragen und der unbefriedigenden Gegenwart und einer unbehandelten Anorexia nervosa (Magersucht) im Sinne einer Orthorexie, sprich einer sehr starken Gewichtsregulierung durch extrem gesundheitsbewusstes Verhalten mit übermäßig wählerischer Ernährung und viel Sport. Die formalgedankliche Einengung auf Dinge wie Gewicht, Lebensglück und die Frage »Was wird aus mir?« wurde dann noch durch das daraus resultierende Untergewicht verschlimmert. Mein Bruder nennt diesen inneren Konflikt »Ablösekonflikt vom Elternhaus« (Abhängigkeit versus Autonomie). Einerseits suchte ich das Behütete, Bekannte und Schöne des Elternhauses, andererseits fühlte ich mich nicht wohl, fragte mich, was ich im Leben erreichen wollte, und sehnte mich nach etwas Größerem als das, was ich gerade lebte. Vielen Jugendlichen geht es ähnlich, bei mir war es eben sehr extrem und wurde durch familiäre Ereignisse wie den Ehekonflikt meiner Eltern und den Tod meines geliebten Großvaters verstärkt.

Eine schwere Depression hätte ich vermutlich nicht entwickelt, meint Sebastian. Er sprach von einer großen inneren Widerstandsfähigkeit, was er mit dem Begriff Resilienz belegte. Der Unterschied zwischen einer leichten bis mittelschweren und einer echten schweren Depression sei eher kein dimensionaler, sondern ein kategorialer. Für eine schwere Depression, aus der man ohne Medikamente und Klinikaufenthalt nicht mehr herauskommt, war ich seiner Meinung nach zu pragmatisch, zu lösungsorientiert. Das sehe ich heute genauso. Damals war ich meinem Bruder sehr dankbar für seine Einschätzung und Warnung und hatte auch wirklichen Respekt davor, über den besagten kritischen Punkt zu rutschen, an dem ich die Kontrolle verlieren könnte. Ich versprach, auf mich achtzugeben, insbesondere während meines Austauschjahres, in dem ich mehr oder weniger auf mich allein gestellt sein würde.

Den Wunsch eines Amerika-Aufenthalts hatte mein Bruder in mir geweckt. Er war im gleichen Alter auch für ein Jahr nach Amerika gegangen, sprach danach perfektes Englisch und war, als er zurückkam, um viele Erfahrungen reicher. Und sowieso war er ja mein Vorbild. Er hatte damals in seiner Bewerbung angegeben, er würde gern in eine Kleinstadt oder ein Dorf mitten in den USA kommen. Er wollte das Amerika des Mittleren Westens kennenlernen, das Leben einer ganz normalen Familie, und er hatte keine Lust darauf, sein Austauschjahr an der Ost- oder Westküste oder in einer Metropole zu verbringen. Letzten Endes vermittelte die Organisation ihm eine millionenschwere Familie in Denver im US-Bundesstaat Colorado. Genau das, was er nicht gesucht hatte, und genau das, was sich für mich traumhaft und faszinierend anhörte.

Die Storys, die er aus Amerika mitbrachte, die Geschichten der großen, weiten Welt, machten mich wahnsinnig neugierig, und ich wollte mir diese Erfahrung nicht entgehen lassen. Allerdings bekam ich nicht ganz das, was ich mir ausgemalt hatte. Ich wollte an die Küste, ich wollte in die Großstadt, ich wollte eine wohlhabende Familie, mit der ich durchs Land reisen und viel von den USA sehen würde. Und wie bei meinem Bruder, so kam es auch bei mir ganz anders. Die Organisation, die den Austausch vermittelte, teilte mir mit, dass ich mein Auslandsjahr in Baltimore in Maryland verbringen würde. Küste? Nicht ganz. Großstadt? Nicht wirklich. Gut betuchte Familie, mit der ich viel herumkommen würde? Nun ja …

Geplant war, dass ich, wie die anderen Austauschschüler, die zwölf Monate bei ein und derselben Gastfamilie verbringen sollte, am Ende waren es drei Familien. Vom ersten Tag an fiel es mir schwer, mich in Baltimore einzuleben. Als Deutsche war ich an der Highschool logischerweise erst mal eine Außenseiterin, aber selbst nach einiger Zeit wollte es mir nicht gelingen, mich zu integrieren, was ja Ziel und Sinn des Austauschs war. Anstatt mir aktiv ein neues soziales Umfeld aufzubauen und Anschluss zu suchen, gliederte ich mich aus, mied gemeinsame Aktivitäten und Gruppenunternehmungen. In der Schule hatte ich Probleme, mich zu konzentrieren und zu fokussieren. Meine Gedanken kreisten permanent um Fragen, die mich schon vor Amerika belastet hatten: Warum machst du das? Warum fühlst du dich so? Warum lachst du nicht? Warum bist du traurig? Warum bist du überhaupt hier? Wer bist du? Ich hinterfragte alles bis ins letzte Detail. Das war anstrengend und erlaubte mir nicht, mich vernünftig einer Sache zu widmen.

Auch mit meiner Gastfamilie kam ich nicht zurecht. Weder konnten sie mich in meiner Hilflosigkeit auffangen noch war ich in der Lage, mich auf sie einzulassen. Ich kam mit ihrem

Alltag nicht klar. Während ich auf meine Ernährung achtete, stopfte meine amerikanische Familie sich mit Süßigkeiten, Chips und Junkfood voll. Gemüse, Obst, Vitamine? Fremdwörter. Mir tat es gut, etwas draußen an der frischen Luft zu unternehmen, Sport zu machen und mich körperlich zu betätigen, wann immer ich dazu Gelegenheit fand. Meine Gastgeschwister hockten lieber vorm Fernseher und bewegten sich keinen Millimeter. Das Fass zum Überlaufen brachte mein Gastvater. Eines Tages kam er zu mir und sagte, er habe sich ganz speziell mich als Austauschschülerin ausgesucht. Ich schaute ihn irritiert an. Weil er mich so hübsch fände, fuhr er fort. Allein diese Aussage hatte schon einen unangenehmen Beigeschmack und trug nicht dazu bei, dass ich mich in dieser Familie wohler fühlte. Irgendwann ging es so weit, dass er immer wieder abends in mein Zimmer kam und mir einen Gutenachtkuss geben wollte. Da war Schluss! Mir reichte es! Ich musste weg. Aber wohin?

Ein positiver Nebeneffekt meines Fehlstarts in Amerika war der, dass ich mich mit der Lösung meiner Situation befassen musste, was meine Traurigkeit für eine Weile in den Hintergrund drängte. Glücklicherweise bot sich schon bald eine Gelegenheit für einen Familienwechsel. Lindsay, eine Mitschülerin, bot mir an, in ihre Familie zu kommen. Dankend nahm ich an, und nach einem Monat zog ich um, davon ausgehend, für die nächsten elf Monate eine Bleibe gefunden zu haben. Doch erneut kam es zu Problemen. Als Austauschschülerin hat man einen Sonderstatus. Ich kam aus einem anderen Land, sprach Englisch mit Akzent, war eine Exotin in einem Vorort von Baltimore – das hatte ich mir nicht ausgesucht. Die anderen Schüler waren neugierig auf diese Fremde. Und absurderweise veränderte sich dadurch mein anfangs freundschaftliches Verhältnis zu Lindsay. Auf einmal war sie eifersüchtig auf mich beziehungsweise auf das Interesse an mir. Es ging so weit, dass sie mir den Kontakt zu ihren Freundinnen verbot und mich komplett schnitt, wann immer sie dazu Gelegenheit hatte. Meine Sportsachen schmiss sie nach dem Training auf den Schulparkplatz und weigerte sich, mich im Auto mit nach Hause zu nehmen. Sie ließ mich bei Wind und Wetter meilenweit nach Hause marschieren, am Rand einer staubigen Schnellstraße, weit und breit die einzige Fußgängerin. Im Haus meiner neuen Gastfamilie hatte ich zwar mein eigenes Zimmer, aber Privatsphäre nur mit Einschränkungen. Die Tür ließ sich nicht abschließen. Nach zwei Monaten hielt ich es auch dort nicht mehr aus. Es war zum Verzweifeln. Lag das an mir? War am Ende *ich* das Problem? Oder hatte ich einfach nur Pech?

Über eine Mitschülerin kam ich in Kontakt mit einer Dame namens Lois. Eine Grundschullehrerin und Mutter von vier Kindern, die alle aus dem Haus waren und aufs College gingen. Sie und ihr Mann Harvey nahmen mich zu sich. So ganz ohne Kinder fühlte sich ihr Haus zu leer an, weshalb sie die Gesellschaft einer Austauschschülerin genossen. Von da an wurde alles besser. Ich wechselte auch auf eine neue Schule, in Catonsville, einem anderen Vorort von Baltimore, wodurch der Kontakt zu Lindsay abbrach und ich noch mal völlig neu starten konnte. Ich war so glücklich, wie ich es in Anbetracht meiner immer wieder latenten depressiven Stimmungen nur sein konnte. Meine psychischen Probleme waren nicht verschwunden, doch mein Zustand normalisierte sich langsam. Lois und ich verstanden uns super, bei ihr und Harvey hatte ich mein eigenes Zimmer, Privatsphäre ohne Einschränkungen, ich lernte lustige Menschen kennen und integrierte mich nach und nach.

Natürlich hielt ich in diesen Wochen den Kontakt zur Heimat, aber nicht im Übermaß. Die Sache war ja die: In Amerika hatte ich ein Stück meines alten Ichs wiedergefunden, ein Stück der Cathy, bevor sie traurig und in sich gekehrt war. Ich lachte wieder häufiger, machte Unternehmungen mit neuen Bekannten und verbrachte die Tage unbeschwerter und glücklicher. Eines Tages kam meine Freundin Fari aus Deutschland zu Besuch. Ich weiß noch genau, wie sie sagte:»Cathy, ich erkenne dich überhaupt nicht wieder. Du bist ein ganz anderer Mensch geworden.« Dazu muss ich sagen, dass ich in der Zwischenzeit ziemlich aktiv geworden war und meinen Alltag mit neuen Herausforderungen füllte, die mir guttaten. Ich machte noch mehr Sport, Weight-Training, spielte fünfmal die Woche Tennis. Ich nahm Trainerstunden und fuchste mich immer mehr in diesen für mich neuen Sport hinein. Gemeinsam mit Casey, einer Freundin, nahm ich im Doppel an den Highschool-Meisterschaften teil, und wir erkämpften uns den zweiten Platz im County. Ich hatte eine Aufgabe und verfolgte ein Ziel. Bis heute bin ich davon überzeugt, dass mich diese Phase damals ein stückweit heilte. Bei Lois verbrachte ich die restlichen Monate meines Austauschjahrs. Sie ist ein ganz toller Mensch, und ohne sie wäre der Rest des Jahres für mich sicherlich ganz anders verlaufen. Dafür bin ich ihr sehr dankbar und bis heute stehen wir in Kontakt. Leider viel zu selten. Vor drei Jahren starb Harvey, ein schwerer Schlag für sie. Ich hoffe, sie fühlt sich nicht allzu einsam ohne ihn.

Während der Zeit bei ihr blühte ich auf. Ich hatte ein Zuhause, in dem ich mich wohlfühlte, fand neue Freunde und unternahm viel in der Freizeit. Es gefiel mir so gut, dass ich am Ende gar nicht zurück nach Hause wollte. Vielleicht hatte ich Angst, mit der Rückkehr nach Deutschland zu meinem alten Ich zurückzukehren, ich weiß es nicht. Zumindest fiel mir der Abschied schwer. Ich war in diesem Jahr natürlich gereift, hatte mich weiterentwickelt, mich von zu Hause abgenabelt. Ein Austauschjahr ist insofern sehr prägend für die

Persönlichkeit, als dass man ohne die elterliche bedingungslose Liebe und Zuneigung zurechtkommen muss. All die Dinge, für die man zu Hause gemocht wird, muss man in einem komplett neuen Umfeld etablieren und sich Beziehungen von Grund auf neu erarbeiten und aufbauen. Das ist nicht immer einfach, und entweder man zerbricht an dieser Aufgabe oder man wächst daran. Das Jahr in Amerika pflanzte damals ebenfalls die Neugierde in mir ein, andere Kulturen kennenzulernen und fremde Länder zu bereisen. Außerdem wusste ich nach dem Auslandsjahr viel deutlicher als vorher, was ich wollte und was nicht.

Nach meiner Rückkehr hatte ich das starke Bedürfnis, den alten Strukturen zu entfliehen. Ich wollte raus. Weg von dem provinziellen Milieu an meinem Gymnasium. Ich wollte in die Stadt, wollte nach München, ich strebte nach mehr. An dieser Einstellung war meine Mutter nicht ganz unschuldig. Sie hatte selbst zum Unmut ihrer Mutter eine akademische Laufbahn eingeschlagen, um eigenständig und unabhängig sein zu können. Ihre Mutter erkannte ihren Beruf jedoch nie als wirkliche Arbeit an. Körperliche Hausarbeit, das war echte Arbeit. Meine Mutter musste sich stark emanzipieren, um ihre beruflichen Pläne weiterzuverfolgen. Dieses »Streben nach mehr« hatte sie wohl auch an mich weitergegeben.

Jedenfalls fiel es mir damals unglaublich schwer, mich wieder in dieser Heimat einzufinden. Ich fühlte mich eingeengt. Auch wollte ich an eine neue Schule, weil ich Angst vor den Erinnerungen an die schwierige Zeit zuvor hatte. Mit allen Mitteln versuchte ich, den Kontakt zu meiner früheren Traurigkeit zu vermeiden. Ein Schulwechsel gestaltete sich aber schwierig. Ich wohnte in einem Vorort Münchens und die dortigen Schulen verfügten nur über ein begrenztes Angebot von Leistungskursen. An meinem bisherigen Gymnasium konnte ich meine gewünschten Leistungskurse belegen, an den anderen nicht. Letzten Endes ging ich zurück auf mein altes Gymnasium – und alles begann von vorn.

Ich war in Amerika schulisch nicht sehr gefordert worden, die Lehrer in Baltimore hatten mich mit Nachsicht und Verständnis behandelt, während meine Mitschüler in Deutschland die elfte Klasse ganz normal absolviert hatten. Umso mehr Druck machte ich mir jetzt in der zwölften, um den Rückstand auszugleichen, denn ich wollte auf keinen Fall die Klasse wiederholen müssen. Außerdem hatte ich schon vor meinem Austauschjahr durch meine Depression und die damit verbundenen Konzentrationsschwächen einiges in der Schule versäumt. Also musste ich den gesamten Stoff nachholen, parallel zum normalen Schulalltag. Insbesondere Mathematik brachte mich an meine Grenzen. Diese Stresssituation trug nicht dazu bei, mich wieder gut einzugliedern. Ich fühlte mich weniger klug als die anderen und hatte trotz eines Nachholkurses immer das Gefühl, ich könnte nicht mithalten. Egal was ich tat und wie viel ich lernte, der Gedanke »ich schaffe das nicht« war mein permanenter Begleiter. Dieser Druck, den ich mir selbst auflastete, schnürte mir die Luft ab. Der Strudel war zurück. Ich lernte und lernte, hörte nicht auf zu lernen und verlor das Gefühl dafür, wann es genug war. Einfach weiter, immer weiter, je mehr, desto besser. So dachte ich damals. Heute weiß ich, das war Quatsch. Irgendwann ist das Maß voll und man dreht sich nur noch im Kreis. Irgendwann ist es einfach nicht mehr gesund. Aber das erkannte ich nicht, konnte und wollte es nicht sehen.

Im ersten Halbjahr der zwölften Klasse nahm ich wieder stark ab, nachdem ich in den USA zu meinem Normalgewicht zurückgefunden hatte. Das fiel auch meinen Lehrern auf. Ich weiß noch, dass mein Erdkundelehrer mich eines Tages fragte: »Geht es dir wirklich gut?« Ich antwortete wie aus der Pistole geschossen: »Ja, klar.« Bloß nichts anmerken lassen. Doch ich wusste, er konnte in meinen Augen sehen, wie es mir tatsächlich ging. Wieder war es so, dass ich mich selbst nicht mehr leiden mochte – was dann auch zu dem enormen Gewichtsverlust führte. Ich brauchte irgendetwas, das *ich* kontrollieren konnte – und das war mein Gewicht. Sport machte ich so gut wie keinen mehr, obwohl mir das in Amerika geholfen hatte, stattdessen verbrachte ich jede freie Minute mit Lernen. Die Angst zu scheitern war zu groß und ich zu pflichtbewusst mir selbst gegenüber, als dass ich mir Pausen gönnte. Natürlich wäre das richtig und gesünder gewesen, aber diesen Weitblick hatte ich nicht und war zu sehr in meinen Ängsten gefangen.

Als ich mein erstes Zeugnis der Oberstufe bekam, war ich zwar nicht schockiert, aber alles andere als zufrieden. Ich hatte den Anspruch, *sehr* gut zu sein, und mein Notendurchschnitt von zwei Komma fünf war für mich nicht tragbar. Ist das verrückt? Heute kann ich darüber nur den Kopf schütteln. Damals aber wusste ich: Mein Abitur musste besser ausfallen. Ich wollte das, ich musste es schaffen. Ich glaube, an diesem Punkt löste sich etwas in mir. Der Druck ließ nach und ich erlaubte mir ein wenig Entspannung. Plötzlich dachte ich: Na ja, Hauptsache du schaffst es. Dein Vater hat es auch mit einem Schnitt von drei Komma sechs zu etwas gebracht. Eine drei Komma sechs bekommst du allemal, und wenn du das Abi in der Tasche hast, dann machst du, was du willst.

Ohne den selbst gemachten Druck konnte ich mich besser konzentrieren. Ich nahm auch ein wenig zu. Zwar war ich ja vorher nicht magersüchtig gewesen, aber doch untergewichtig. Ich glaube, damals wog ich gerade mal achtundvierzig Kilo. Ich fing an, wieder Sport zu machen, fand wieder einen gesünderen und balancierteren Rhythmus. Nach langer Zeit hatte ich wieder das Gefühl: Jetzt läuft es. Ich lernte nicht mehr so viel, unternahm mehr mit Freunden, war ausgeglichen. Ich war wieder mehr ich selbst, die direkte und selbstbewusste Cathy, die auch mal mit der Tür ins Haus fiel und kein Blatt vor den Mund nahm.

Eine Aktion, die ich zu der Zeit brachte, hängt mir bis heute nach. Meine Familie kramt sie gerne immer mal wieder hervor, besonders mein werter Bruder. Es gab damals einen Lehrer an unserer Schule, der die Grenzen des Lehrer-Schülerinnen-Verhältnisses nicht ganz so ernst nahm, sie gerne mal ausreizte und überschritt. Eines Tages, zu Oktoberfestzeiten, wusste ich, dass ich abends beim Wiesn-Besuch höchstwahrscheinlich auf diesen Lehrer treffen würde, und nahm mir vor: Ich trinke ein, zwei Drinks, gehe dann zu ihm hin und sage ihm direkt ins Gesicht, was ich von ihm halte. Und das habe ich auch gemacht. Mein Bruder hatte mir im Vorfeld, diplomatisch wie er ist, von dieser Aktion abgeraten, aber ich war wild entschlossen. Das bereue ich bis heute nicht. Jedenfalls kehrte ich später am Abend leicht angeheitert zurück nach Hause, wo mein Bruder und sein Freund irgendetwas im Fernsehen guckten. Ich kam also durch die Haustür geschwankt mit leicht verwischtem Lippenstift, einer vom Feiern gezeichneten Frisur und einem riesigen Lebkuchenherz um den Hals und rief nur: »Ich hab's getan! Ich bin zu dem Typen hin und hab ihm die Meinung gesagt!« Und natürlich, wie sollte es auch anders sein, hatte mein Bruder nichts Besseres zu tun, als ein Video meines Auftritts im elterlichen Wohnzimmer zu drehen. Dieser Moment war also für die Ewigkeit festgehalten und sorgte in einem Zusammenschnitt von alten Kindervideos auf meiner Hochzeit bei der gesamten Gesellschaft für den Lacher des Abends.

*Mein Outfit für den
Abschlussball der
Highschool in Baltimore –
das Kleid besitze ich
immer noch*

Es gab sie also noch: Die direkte, fröhliche und lustige Cathy. Ich entdeckte damals auch schon meinen Hang zur Moderation. Die Schule veranstaltete einmal jährlich eine »Soziale Woche«. Am Ende der Projekttage stand eine Präsentation dessen an, was die verschiedenen Gruppen über die Woche an Themen, Initiativen und Ideen erarbeitet hatten. In einem Jahr schnappte ich mir die Moderation dieser Präsentation, und natürlich bereitete ich mich entsprechend auf meinen Auftritt vor. Kurz zuvor hatte ich eine Sendung mit Michelle Hunziker im Fernsehen gesehen und mir war aufgefallen, dass sie immer wieder die kurzen Werbepausen dafür nutzte, sich umzustylen, und mit komplett neuem Outfit die Bühne betrat. Gut, dachte ich, das kann ich auch. Ich stellte mir verschiedene Outfits mit entsprechendem Styling zusammen und präsentierte mich während meiner Moderation der »Sozialen Woche« in insgesamt vier verschiedenen Looks. Mein Bruder erzählte mir später, einige Leute im Publikum wären etwas verwirrt gewesen und hätten teilweise gedacht, es stünde eine komplett andere Person auf der Bühne.

Das waren die absoluten Anfänge meiner Laufbahn als Moderatorin – die »Soziale Woche« am Gymnasium in Unterschleißheim. Ich war also nicht immer nur unglücklich, es gab durchaus schöne und lustige Momente. Aber es gab eben auch immer wieder Rückfälle. Zum Beispiel auf der Abschlussfahrt meiner Jahrgangsstufe in die Toskana. Wir wohnten zu fünft in einem Wohnwagen. Was ich mir als spaßig ausgemalt hatte, lief völlig aus dem Ruder. Ich konnte meinen neu gefundenen Rhythmus nicht einhalten, fühlte mich gestresst, überfordert. Für meine innere Balance und aufgrund meiner Allergien und Unverträglichkeiten war eine gesunde Ernährung entscheidend für mich, auf der Fahrt gab es aber nur Spaghetti und Pizza. Jeden Tag. Da habe ich lieber gar nichts gegessen. Ich kam wieder aus dem Gleichgewicht. Die anderen hielten mich für total bescheuert, ich solle mich nicht so anstellen, hieß es. Ich war heilfroh, als ich wieder zu Hause war. Meine Mutter begrüßte mich mit den Worten:»Was ist denn mit dir passiert?« Anstatt braun gebrannt aus Italien zu kommen, war ich blass, fahl und dünn. Erst in meinem Nest, meinen eigenen vier Wänden, fand ich meine Balance wieder.

Unmittelbar vor dem Abi holte mich die Prüfungsangst wieder ein, und ich war überzeugt, den Abschluss würde ich nie im Leben schaffen. Auf den letzten Metern hieß es: Pauken bis zum Umfallen. In einer Abiprüfung, Chemie, hatte ich dann einen Blackout. Minutenlang starrte ich die Aufgaben an, unfähig, einen klaren Gedanken zu fassen. Gähnende Leere im

Kopf. Genau solch eine Situation hatte ich mir in meinen schlimmsten Vorstellungen eingeredet, kein Wunder, dass sie dann eintraf. Die längsten zehn Minuten meines Lebens. Ich versuchte, ruhig zu bleiben, atmete durch und ermahnte mich: Reiß dich zusammen, du hast nicht zwei Jahre umsonst gelernt. Du schaffst das! Am Ende bekam ich dreizehn Punkte und schloss mit einem Abiturdurchschnitt von zwei Komma null ab. Ich hatte gekämpft und war belohnt worden. Es ging aufwärts, das Abi in der Tasche, das Asthma war weg, doch die nächste Atemnot sollte bald folgen …

9
Panikattacken

Kurze Zeit später lernte ich Mats kennen, der zu dem Zeitpunkt noch beim FC Bayern München spielte. Ein Meilenstein in meinem Leben. Ein Glücksmoment, der bis heute anhält. Mats wechselte im Jahr darauf nach Dortmund und ich folgte ihm sechs Monate später, kam also in eine fremde Stadt, sechshundert Kilometer von meinem Zuhause entfernt. Damals ein großer Schritt für mich. Die Rückkehr der alten Probleme war eigentlich vorprogrammiert, und es war nur eine Frage der Zeit, wann sie wieder auftreten würden.

Ich begann an der TU Dortmund ein Studium der Wirtschaftswissenschaften. Eigentlich hätte mein Lebensplan in beruflicher Hinsicht ein anderer sein sollen, Schauspielerei, Modedesign, etwas in dieser Richtung hatte mir immer vorgeschwebt. Eine konkrete Vorstellung davon hatte ich aber nicht, auch aus diesem Grund wagte ich den Schritt nicht. Meine Eltern hielten ohnehin nichts davon. In ihren Augen wäre das nichts Solides gewesen, hätte keine Perspektive gehabt. Im Nachhinein muss ich sagen, dass die ablehnende Haltung meiner Eltern letztlich dann doch ein Antrieb war, meine Träume später zu verfolgen.

Mein Uni-Alltag in Dortmund entsprach dem einer normalen Studentin – okay, mit einigen Ausnahmen. Ich besuchte die Vorlesungen, ließ die eine oder andere auch mal sausen, quälte mich durch Hausarbeiten und schrieb Klausuren. So weit war noch alles ganz normal. Allerdings wussten in der Uni schon bald die meisten, dass mein Freund beim BVB spielte. Allein diese Tatsache verlieh mir eine gewisse Sonderstellung, sowohl bei Kommilitonen als auch bei Professoren. Sonderstellung klingt erst mal positiv, konnte aber in zwei Richtungen gehen. Entweder wurde ich besonders bevorzugt behandelt, was ich gar nicht wollte, oder eben mit Missgunst, nach dem Motto: Die hat schon alles, was will die hier?! Ich selbst bekam das nur am Rande mit. Wenn andere schlecht über mich sprachen, merkte ich das oft überhaupt nicht, und falls doch, versuchte ich es zu ignorieren und ging der Person aus dem Weg. Am liebsten waren mir diejenigen, die nichts mit Fußball am Hut hatten und für die ich einfach eine stinknormale Studentin war. Zugegeben, mein Alltag unterschied sich deutlich von dem meiner Kommilitonen. Wir wohnten in einem schönen Haus in Dortmund, mussten nicht jeden Euro umdrehen, wir kannten das Leben gar nicht anders, aber ich war mir dieser privilegierten Situation durchaus bewusst. Es war ein Luxus, bereits in so jungen Jahren so gut leben zu können.

Obwohl alles hätte perfekt sein können, schlich sich langsam das Gefühl der akuten Überforderung wieder ein: dieser Leistungsdruck, diese Versagensängste. Empfindungen ver-

gleichbar mit denen aus meiner Schulzeit. Die Uni war noch
mal eine andere Hausnummer als das Abi. Allein bei dem Gedanken daran, wie ich die Uni, Klausuren, Hausarbeiten, das
Leben in einer fremden Stadt unter einen Hut bekommen sollte, wurde mir ganz schwindelig. Und wieder war er zur Stelle,
mein steter Begleiter: der Satz »du schaffst das nicht«.

Der Schritt von München nach Dortmund war aufregend
und schwer zugleich. Vom einen auf den anderen Tag veränderte sich so viel. Plötzlich wohnte ich mit meinem Freund
zusammen, lebte in einer fremden Stadt, ohne meine Familie
und Freunde, plötzlich war ich eingeschriebene Studentin. Zudem brachte dieser Schritt auch einen Wechsel in der Menta-
lität mit sich. Damit wiederum kam ich gut zurecht. Während
die Bayern ja gern gemütlich und für sich sind, herrscht im
Ruhrpott ein eher weltoffenes und buntes Miteinander. Diese
Ruhrpott-Mentalität lag mir fast mehr als die bayerische. Ich
liebe das Oktoberfest, trage gerne Tracht, ich liebe die Berge
und ich verstehe Bairisch ohne Probleme. Klar, damit bin ich
aufgewachsen, mein Vater ist ein Bayer durch und durch. Lus-
tigerweise spreche ich selbst gar kein Bairisch.

Die Stadt München aber vermisste ich damals gar nicht so
sehr. Ich hatte ohnehin nie Heimweh nach einem Ort, weil ich
der Meinung bin, ich kann es mir überall schön machen. Allerdings vermisste ich meine Familie sehr, vor allem am Anfang.
Ich bin ein sehr elternbezogenes Kind und ich brauche den
engen Kontakt zu meinen Geschwistern, um mich heimisch zu
fühlen. Auch Ludwig wächst eng mit seinen zwei Cousins, den
Söhnen meiner Schwester, auf, als seien sie seine Brüder. Ich
finde das toll, wir sind wie eine Großfamilie. Wenn ich von
meinen Eltern mal zwei, drei Tage nichts höre, bekomme ich
totale Sehnsucht. Ich brauche die Familie einfach um mich und
gebe zu, emotional völlig abhängig zu sein. Mats und ich ver-

brachten insgesamt achteinhalb Jahre in Dortmund, das war eine lange Zeit ohne meine Familie im unmittelbaren Umfeld. Seit 2016 wohnen wir wieder in München (bzw. pendeln zwischen München und Dortmund) und ich nutze die Nähe zu meiner Familie voll aus. Es ist nicht so, dass ich sie jeden Tag sehen muss, aber mindestens einmal die Woche verbringen wir Zeit miteinander. Sie gibt mir einen Grad an Geborgenheit und Vertrauen, den ich bei niemandem sonst bekommen kann. Auch weil ich weiß, dass ein gutes Verhältnis zu den Eltern nicht selbstverständlich ist. Wir können offen und ehrlich miteinander reden, hören einander zu und kümmern uns gegenseitig. Das ist etwas Kostbares, mein Hafen, auf den ich immer zählen kann.

Durch den Wechsel nach Dortmund brach also mein vertrautes Umfeld weg. Familie, Freunde und vor allem meine beste Freundin, die für mich wie eine Schwester ist. Natürlich waren sie alle noch da, aber eben nicht mehr so greifbar nah, dass wir uns schnell und spontan treffen oder mal nach Hause einladen konnten. Diese Umstellung fiel mir schwer. Aber ich dachte mir: Du bist wegen deines Mannes hier und es ist schon alles richtig so. Und wie sagt mein Vater so schön: »Wer nie weggeht, kommt nie heim.« Und damit hat er absolut recht.

Ich weiß nicht, ob das Fehlen des sicheren Hafens mit dazu führte, dass es mir in Dortmund zunehmend schlechter ging. Zunächst dachte ich, meine Ängste würden sich mit der Zeit legen, stattdessen wurden sie schlimmer. Sie überkamen mich schubweise und dann kamen die Panikattacken. Es war ein ganz gewöhnlicher Tag. Erst Uni, dann Auspowern im Fitnessstudio, danach im Supermarkt einkaufen und später zu Hause kochen. Diese Routine liebte ich. Ich ging wie gewohnt vom Fitnessstudio in die Tiefgarage, setzte mich ins Auto und wollte losfahren, doch etwas war anders als sonst. *Ich* war anders.

Es ist schwer, in Worte zu fassen, aber ich weiß noch genau, wie es sich anfühlte. Ich saß im geparkten Wagen hinterm Steuer, sah mich im Auto um und dachte auf einmal: Warum machst du das eigentlich alles hier? Was hat das für einen Sinn? Was soll das? Ich sah keinen Sinn in den Dingen, die ich tat, oder in dem Leben, das ich führte. Von jetzt auf gleich, völlig verrückt.

Die Fragen kreisten unentwegt durch meinen Kopf und ließen mich keinen klaren Gedanken fassen. Stattdessen merkte ich, wie mir auf einmal alle Emotionen zu entweichen schienen. Es war, als würde meine ganze Gefühlswelt aus meinem Körper strömen und mich leer und ausgelaugt in diesem Auto in der Tiefgarage zurücklassen. So saß ich da, allein, gleichgültig, antriebslos. Und mein Herz raste so schnell, dass ich dachte, es würde mir gleich aus der Brust springen. Ich weiß nicht mehr genau, wie lang der Zustand andauerte, vielleicht nur fünf Minuten, vielleicht eine halbe Stunde. Es fühlte sich an wie eine halbe Ewigkeit. Mir war bewusst, dass wieder mal etwas mit mir nicht stimmte. Ab dem Zeitpunkt war die Depression wieder voll da. Diese erste Panikattacke werde ich niemals vergessen. Und es sollte nicht die letzte bleiben. Von diesem Tag an ging es bergab.

Wenn sich eine Panikattacke ankündigte, fühlte es sich an, als würde mir jemand von vorn auf die Brust drücken. Ganz fest. Eine Beklemmung, die es schwer machte zu atmen. Ich war unruhig, konnte nicht still sitzen, war gleichzeitig antriebslos und träge. Die Zeit wollte nicht vergehen, und jedes Mal fragte ich mich, wie ich diesen Zustand noch eine Sekunde länger aushalten sollte. Ich wollte weg, wollte meinem eigenen Körper entfliehen, konnte aber nicht. Ich sehnte mich nach Schlaf und wusste, dass ich nicht schlafen konnte. Dazu die panische Angst davor, aus dem Schlaf zu erwachen und diesen

Albtraum erneut durchleben zu müssen. Ein Teufelskreis, der mich wahnsinnig machte.

Jeder neue Tag war damals eine Herausforderung, ein Kampf mit mir selbst. Ich versuchte so normal wie möglich weiterzumachen, eigentlich hoffte ich aber die ganze Zeit einfach nur, schlafen zu können. Im Schlaf kam mein Kopf zur Ruhe und dachte nicht ständig nach. Für einen Moment konnte ich mich dem Schatten entziehen. Wach zu sein war anstrengend, dem Alltag nachzugehen war anstrengend.

Mein Umfeld wusste nicht, was in mir vorging und wie schlecht ich mich fühlte, sah nur meine Hülle. Oft verstanden die Leute – verständlicherweise – überhaupt nicht, warum ich manchmal unruhig oder apathisch war. Ich machte, so gut es ging, weiter, besuchte Vorlesungen, trieb Sport und versuchte den Haushalt zu bewältigen. Es mag albern klingen, aber allein diese alltäglichen Dinge fielen mir unglaublich schwer. Warum? Weil mein Kopf durchgehend gegen mich arbeitete. Die Fragen und Gedanken hörten nicht auf zu kreisen. Was, wenn du einfach nicht mehr da wärst? Dann wäre das Ganze endlich vorbei. Du könntest endlich wieder entspannen. Immer wieder ging ich dagegen an. Ich wollte ja weitermachen, ich wollte doch nicht tot sein! Also versuchte ich mir einzureden, es sei irgendwann vorbei; aber in einer Depression glaubt man nicht daran. Man glaubt, das Gefühl gehe nie wieder weg.

Nur wenigen Menschen vertraute ich mich an. Denen, die mir etwas bedeuteten. Außenstehenden ist es oftmals schwer zu vermitteln, was die Depression mit einem anstellt. Allein zu meinem eigenen Schutz blieb diese Info deshalb im engsten Kreis. Meine Eltern wussten Bescheid, meine Geschwister, zwei oder drei Freundinnen und natürlich mein Mann. Alle reagierten sehr verständnisvoll. Sie machten sich Sorgen, denn man sah mir meinen Zustand auch an – so gut konnte ich dann doch nicht verbergen, wie es hinter der Fassade aussah.

Irgendwann wusste ich nicht mehr weiter. Ich fand immer seltener die Motivation und Kraft, morgens aufzustehen und im Alltag zu bestehen. Ich wusste aber auch, so konnte es nicht weitergehen. Zu dem Zeitpunkt war ich einundzwanzig. Also ging ich schließlich, auf Empfehlung meines Bruders, zu einem Arzt. Er empfahl mir, einen Facharzt für Psychiatrie und Psychotherapie aufzusuchen mit der Ausrichtung auf Verhaltenstherapie. Dieser würde lösungsorientiert arbeiten, und das sei genau das, was ich bräuchte, praktische Tipps zur Problembewältigung.

Ich folgte seinem Rat und fand einen Arzt in Dortmund. Er stellte etliche Fragen, nahm mir Blut ab und prüfte, ob möglicherweise auch eine Schilddrüsenunterfunktion eine Rolle spielen könnte. Im Grunde wusste er vermutlich sehr schnell, was mit mir los war. Ich erzählte ihm von der konstanten inneren Unruhe und von meinen Ängsten. Dabei konnte ich nicht aufhören zu weinen. Ich berichtete ihm von der Panik, dem Schmerz auf der Brust und dem Gefühl, vollgepumpt zu sein mit Adrenalin. Man ist wahnsinnig aufgeregt und muss irgendetwas tun, doch die Antriebslosigkeit bremst einen, lähmt einen. Diese Paradoxie ist anstrengend. Dazu die Gedanken, die immer weiter kreisen. Der Geist gibt keine Ruhe. Es machte mich fertig.

Und dann fiel zum ersten Mal das Wort Depression. Es gab also einen Begriff für das, was mit mir passierte. Dieses Wort gab dem Ganzen nicht nur einen Namen, es eröffnete vor allem Wege, aktiv dagegen anzugehen und die Krankheit zu behandeln. Der Arzt verschrieb mir Medikamente, unter anderem Antidepressiva, und empfahl mir eine Psychotherapie. Die Medikamente zeigten schnell ihre Wirkung und meine Stimmung hellte sich auf. Natürlich recherchierte ich auch selbst viel in Büchern und im Internet und versuchte mich schlau zu machen.

Die Meinung meines Bruders war mir besonders wichtig. Er kannte mich so gut wie nur sehr wenige Menschen und studierte zu der Zeit Medizin, hatte aber schon immer ein Interesse für menschliche Verhaltensweisen gehabt. Bewusst entschied er sich damals für ein Medizinstudium an Stelle eines Psychologiestudiums, weil er nicht nur an Theorien, sondern auch an handfesten Fakten interessiert war, wie er selbst sagt. Er studierte an der LMU in München und arbeitete nach dem Staatsexamen zunächst an der dortigen Universitätsklinik. Nach verschiedenen Aufenthalten an anderen Kliniken, unter anderem in Afrika und an der Georgetown University Klinik in Washington, D.C., entdeckte er schließlich im niederbayerischen Straubing den Bereich, der ihn am meisten fasziniert und in dem er bis heute tätig ist: die medizinische Versorgung und Begutachtung mit Schnittstelle zum Recht. Dabei geht es zum Beispiel darum, Prognosen bezüglich der Schuldfähigkeit von geisteskranken Rechtsbrechern zu stellen, die im Rahmen ihrer Erkrankung schwere Straftaten begangen haben. Für mich war das Feld, in dem mein Bruder sich beruflich bewegt, schon immer spannend und wir haben schon unzählige Gespräche über seine Erfahrungen in dem Bereich geführt, nicht zuletzt auch im Zusammenhang mit Depression, persönlichen Berührungspunkten und Vorkommnissen in der Kindheit.

Heute ist Sebastian Facharzt für Psychiatrie und Psychotherapie und arbeitet im Krankenhaus Mainkofen als Oberarzt für forensische Psychiatrie. Wahnsinn, wo er jetzt steht. Ich bin wirklich stolz auf ihn und das, was er geschafft hat, und ich bin froh, ihn als Bruder *und* Berater an meiner Seite zu wissen. Damals erklärte er mir den medizinischen Prozess. Ich fragte ihn, wie man gegen eine Depression vorgehen könne und wie sinnvoll es sei, mit Medikamenten zu arbeiten. Er relativierte die Situation etwas für mich. Es sei ganz normal, sich als identitätssuchender Mensch traurig zu fühlen. Per se sei es schwerer, aus einer solchen Position heraus eine eigene, unabhängige Identität zu entwickeln, und die Situation bringe eine natürliche Traurigkeit mit sich. Auch der Schritt von München nach Dortmund und die damit verbundenen sozialen Veränderungen würden mit großer Wahrscheinlichkeit zu meinem mentalen Zustand beitragen. Seiner Meinung nach war vieles, was ich empfand, auf natürliche und nachvollziehbare aktuelle Auslöser zurückzuführen und hatte keinen genetischen oder tieferen familiären Depressionshintergrund. Er hielt es nicht für eine schwere Depression, generell funktionierte ich ja im Alltag. Nach heutigem Verständnis ist es dennoch wichtig zu wissen, dass man auch bei nachvollziehbaren Gründen trotzdem depressiv sein und behandelt werden kann.

Mein Bruder analysierte meine Situation damals folgendermaßen: Ich war relativ jung mit einem Mann zusammengekommen, der sehr erfolgreich und obendrauf auch noch mein erster Freund war. Dann ging es für mich nach Dortmund in ein vollkommen neues Umfeld, ich war entwurzelt und hatte für die neue Lebenssituation keine Lebensstrategie gelernt. Plötzlich hatte ich mit Leuten zu tun, die sich vor allem Vorteile von einem Kontakt zu mir erhofften. Diese Tatsache zu erkennen, zu akzeptieren und die Menschen entsprechend einschätzen zu lernen, fiel mir anfangs wirklich schwer. Wer ist wirklich interessiert an mir? Wer meint es gut mit mir? Und wer will eigentlich nur über mich an andere herankommen? Als depressionsgefährdet stufte er mich in jedem Fall ein, jedoch nicht in einem Schweregrad, in dem ich mir nicht selbst hätte helfen können.

Mir war schon lange bewusst, dass mit mir etwas nicht in Ordnung war und ich etwas dagegen tun musste. Immer wieder ließ ich mich von unterschiedlichen Menschen beraten und versuchte, deren Ratschläge und Tipps für mich umzusetzen. Eine Sache aber wurde mir in dieser Zeit klar: Ich brauchte etwas, was nichts mit meinem Mann zu tun hatte. Etwas, was nur mein Eigenes war. Das war eine der größten und wichtigsten Aufgaben für mich und meine persönliche Balance, mein persönliches Glück.

In der Theorie verstand ich, was in mir vorging, das half allerdings nur bedingt in der Praxis. Tatsächlich es ist ja so, dass bei einer Depression bestimmte Botenstoffe im Gehirn eine geringere Konzentration aufweisen und das Hirn nur eingeschränkt funktionsfähig ist. Deshalb kann man mit Psychopharmaka sehr gut arbeiten, weil die Aktivität eben dieser Stoffe künstlich angekurbelt wird. Der Arzt verschrieb mir zunächst ein Medikament mit einem Wirkstoff, der beruhigend und angstlösend wirkt, der aber bei täglicher Einnahme zu Abhängigkeit und längerfristig zu Leberschäden führen kann. Auch wenn die Medikamente für den Moment halfen, so wollte ich doch in keinem Fall ein derartiges Risiko eingehen.

Ich weiß noch, wie schockiert mein Bruder war, als ich ihm das Medikament nannte. »Sei vorsichtig damit, das sind keine Smarties! Kurzzeitig kann diese Substanz für Erleichterung sorgen, es geht aber vor allem auch darum zu erfahren, dass du die Angst, die du spürst, selbst regulieren kannst. Wenn du immer dieses Medikament nimmst, bist du wie ein dressierter Affe. Für den Moment geht es dir gut, letzten Endes löst sich aber keines deiner Probleme.« Was er dann noch sagte, war im ersten Moment hart für mich, aber natürlich hatte er recht: »Wenn du weiterkommen willst, geht das nur durch das Tal der Tränen. Du musst dich damit auseinandersetzen, woher die

Angst überhaupt kommt und warum du dich fühlst, wie du dich fühlst. Ein Medikament kann eine Krücke sein, aber wenn du es dauerhaft einnimmst, hemmt es dich eher.«

Dieses Medikament war also mit Vorsicht zu genießen, das war mir nun bewusst. Genauso verhielt es sich mit dem Antidepressivum, das ich für einige Zeit nahm, eines der Erstlinien-Medikamente, die man bei Depressionen verschreibt. Nach zwei bis vier Wochen schaut man, wie das Medikament anschlägt, denn im Zweifel sollte man hier nicht höher dosieren, sondern mit einem anderen Antidepressivum kombinieren oder gleich auf ein stärkeres Antidepressivum umsteigen. Das wollte ich aber vermeiden. Die medikamentöse Phase war bei mir am Ende relativ kurz. Es war nicht mein Ziel, aufgrund von Tabletten glücklich zu sein. Das war kein echtes Glück, sagte ich mir. Für den Anfang war es das absolut Richtige, aber es durfte kein Dauerzustand werden.

Durch die Diagnose und die entsprechende Behandlung sah ich endlich Licht am Ende des Tunnels. Es fühlte sich an, als sei eine schwere Bürde von mir genommen worden. Nach einiger Zeit konnte ich in Absprache mit meinem Arzt die Medikamente drosseln und dann vollständig absetzen. Was mir allerdings mehr als alles andere half, waren Gespräche. Man braucht in einer solchen Situation viel Austausch, Zuspruch und Geduld, bis sich der innere Zustand normalisiert. Damals lernte ich, wie wichtig und wertvoll Gesprächstherapien sind. Ich ging insgesamt vier Monate lang zur Therapie – und ich würde es wieder tun und jedem, der Ähnliches durchmacht, empfehlen. Die wöchentlichen Termine haben mich gestützt und mir geholfen, den Weg zurück in ein unbeschwertes Leben zu finden.

Auch während meiner Therapie hielt ich des Öfteren Rücksprache mit meinem Bruder und fragte nach seiner

Meinung. Er hatte mir zu einer Verhaltenstherapie geraten. Auch wenn er selbst gerade dabei war, sich professionell in die Psychotherapie einzuarbeiten, so sah er es manchmal als schwierig an, bestimmte Dinge innerhalb der Familie zu thematisieren. »Familie und Freunde können eine solche Last nicht abfedern, das sollten sie auch gar nicht.« In der Psychotherapie *kämen* immer wieder »große Gefühle hoch«, und halb scherzhaft ergänzte er: »Es muss geheult werden, und innerhalb der Familie kann gerade das manchmal zu großen Verletzungen führen. Man sollte deshalb auf jeden Fall eine professionelle externe Instanz aufsuchen.«

Ich lernte neue Bewältigungsstrategien für meinen damaligen Lebensabschnitt und machte regelmäßig Tests, in denen ich mich in bestimmte Situationen begeben musste, um das anzuwenden, was ich gelernt hatte. Vor allen Dingen aber lernte ich Bewältigungsstrategien für das neue Setting, in dem ich mich befand. Meine Familie führte ein anderes Leben, als ich es mittlerweile tat, und konnte mir deshalb nur bis zu einem gewissen Punkt ein Ratgeber sein. Im Bereich Öffentlichkeit und Karriere gab es einfach zu wenig Berührungspunkte. Deshalb brauchte ich Menschen, die mich professionell anleiten und unterstützen konnten. Für mich persönlich stellte ich fest, dass ich denen am meisten vertraute, die aus Erfahrung sprachen und berieten. Dort fühlte ich mich am besten verstanden und aufgehoben. Rückblickend kann mein Bruder heute natürlich beurteilen, was damals in mir vorging. Im Gegensatz zu meiner ersten Depression war ich nun in einer Phase, in der ich lernen musste, Kompromisse zwischen mir und der Partnerschaft sowie zwischen mir und der Gesellschaft zu schließen. Wo wollte ich hin und welche Kompromisse war ich bereit einzugehen? Wollte ich ein Kind? An welcher Stelle stand meine eigene Karriere? Kind und Familie auf der einen Seite, beruflicher Erfolg auf der anderen Seite – ich stand dazwischen und musste abwägen.

Irgendwann war ich wieder so stabil, dass ich beschloss, nun selbstständig weiter an mir zu arbeiten. So fand ich auch meinen Weg zum Yoga, etwas, was mich bis heute als meine eigene Medizin und Heilung begleitet und was aus meinem Leben nicht mehr wegzudenken ist. Yoga stabilisiert mich, gibt meiner Seele Kraft.

10
Du bist nicht allein!

cathyhummels ✓ • Folgen ...

cathyhummels ✓ Thank you for listening 🧡 and remember : Be(e) YOU. Jeder hat mal seine ups and downs. Aber wir müssen uns gegenseitig nach oben heben, anstatt nieder zu machen. Viele eurer Nachrichten haben mich sehr berührt. Danke dafür. Ich bin nicht allein und ihr seid es auch nicht. Wir schaffen das gemeinsam 🧡 In Liebe, eure 🐝

PS: Morgen gibts eine kleine feine Neuigkeit @thehelpingleopard 😎

7 Wo.

♡ ♢ ◁   ☐

Gefällt 8.403 Mal

8. MAI

Den Kern meiner Depression kenne ich bis heute nicht genau. Ich war einfach traurig und vermutlich auch überfordert mit dem hohen Anspruch, den ich an mich selbst hatte und immer noch habe. Eine wichtige Erkenntnis habe ich rückblickend aber gemacht: Es haben mehr Menschen mit Depressionen zu kämpfen, als man glaubt. Allein in meinem Freundeskreis gibt es einige, die im Lauf der Zeit damit konfrontiert waren. Man ist nicht allein und darf sich auf keinen Fall dafür schämen.

Heute geht es mir gut, man kann die Cathy von damals und die Cathy von heute kaum vergleichen. Völlig verschwinden wird diese Krankheit möglicherweise nie, aber mittlerweile lebe ich sehr gut damit. Und ich gehe damit offen und offensiv um. Das gilt auch für das Thema Gewicht und Körperempfinden. Immer wieder muss ich mich dafür rechtfertigen, wie ich aussehe. Zu dünn? Zu dick? Zu irgendwas? Stichwort Bodyshaming – leider ein neuer Trend in den sozialen Medien, aber nicht nur dort. Hier die Definition laut *Online Lexikon für Psychologie und Pädagogik*:

»Bodyshaming (auch Body Shaming) nennt sich das Phänomen, dass Menschen aufgrund ihres Körpers beschämt werden. Mädchen werden am häufigsten aufgrund ihres Aussehens im Allgemeinen und ihrer Figur kritisiert, Burschen wegen ihrer Haare oder Frisur. Mädchen reagieren dabei sensibler auf negative Bewertungen, sind eher gekränkt beziehungsweise schämen sich doppelt so häufig wie Burschen. Mädchen geben in Untersuchungen auch an, mit ihrem Äußeren dadurch unzufriedener geworden zu sein und an Selbstbewusstsein verloren zu haben. Bodyshaming wird zwar am deutlichsten in der öffentlichen Herabsetzung von Körpern wahrgenommen, doch ist Bodyshaming vor allem die permanente Kritik am eigenen Körper, das heißt, der Körper wird negativ bewertet oder mit anderen Körpern verglichen. Diese Glaubenssätze verankern sich in der Folge tief im Innern der Betroffenen.«

 cathyhummels ✔ • Folgen ...

 cathyhummels ✔ #NoBodyshaming
selbst wenn man für viele vielleicht
gerade nicht dem Ideal entspricht.
Meine Message ist dabei : Mach was
immer dich gerade glücklich macht.
Wenn du glücklich bist, kannst du
auch Glück und Liebe geben. Mein
Gewicht wird hier so oft aufgegriffen,
teilweise werde ich beleidigt und
derweil habe ich es ja schon längst
bestätigt. Ich finde ein paar Kilo
mehr standen mir echt besser. Ich
wünschte ich könnte schnipsen und
Zack wäre ich auch wieder so wie ich
mich am wohlsten fühle. 🙈 ABER
leichter gesagt als getan. Gesund
zunehmen ist genauso schwierig wie
gesund abzunehmen. 😕 Ich liebe es
Sport zu machen, euch zu animieren,
euch mitzunehmen. Ich mache das in
dieser Zeit noch lieber als sonst. Ich
muss aber zugeben, dass ich durch
diesen Output an Kraft merke, dass
ich noch mehr essen muss. Ich muss
also noch öfter und mehr kochen,
weil ich es eben nur gesund und
selbst gemacht mag. Deswegen geht
um 19 Uhr ein weiteres Kochvideo für
euch online und bis dahin: Liebt euch
so wie ihr seid. Perfekt unperfekt. So
wie ich es gerade bin 🙏 Aber
Hauptsache : #glücklich 🙏

8 Wo.

Gefällt 16.000 Mal

1. JULI 2018

Die meisten aus meiner Community reagierten positiv auf meinen Post, was mich natürlich gefreut und teilweise sehr gerührt hat. Generell tut mir der Zuspruch meiner Fans einfach gut. Er zeigt mir, dass ich nicht allein bin – mit meinen Gedanken, meinen Empfindungen, mit meinem Wunsch nach Glück. Zwei der Reaktionen möchte ich hier als besonders einfühlende Beispiele zitieren:

»Wir meinen es alle nur gut mit dir!! Ja, gesund zunehmen ist schwierig aber sich auch mal ungesundes gönnen, muss auch mal sein. Pass auf dich auf!«

»Liebe Cathy, du solltest Dich weder rechtfertigen noch erklären. Mach dich nicht abhängig von der Meinung fremder Menschen. Es gibt immer Menschen, die etwas zu kritisieren haben, selbst wenn du übers Wasser laufen und zaubern könntest. Wer andere ständig negativ bewertet, hat wahrscheinlich selbst nichts Schönes in sich. Du bist gut, so wie du bist. Finde ich sehr wichtig, dass du das hier teilst. Weil es geht eben auch vielen Menschen so, die nicht in der Öffentlichkeit stehen. Und da tut es einfach ›gut‹ zu wissen, dass man eben nicht allein ist«

Sogar *Bild* berichtete über diesen Post mit der Anmerkung, meine Fans würden sich sorgen. Solche Reaktionen bestärken mich immer wieder aufs Neue. Denn nur weil ich offen damit umgehe, heißt es nicht, dass es mich nicht auch Überwindung kostet, mich bewusst und offen damit auseinanderzusetzen. Ich bedankte mich bei meiner lieben Community für ihre Unterstützung mit einem Folgepost.

Meine Follower halten zu mir und ich halte zu ihnen und bin für sie da. Diejenigen, die meinen, feindselige Kommentare hinterlassen zu müssen, beachte ich erst gar nicht. Mittlerweile ist es mir egal, was andere Leute über mich denken oder sagen. Natürlich habe ich, wie jeder, bestimmte Themen, die hin und wieder durch den Panzer hindurchkommen, meine »Soft Spots«, wie sie mein Bruder als Arzt nennt. Dennoch weiß und merke ich: Wenn man mit sich selbst im Reinen ist, kann kein Shitstorm der Welt einen aus der Bahn werfen. Ich habe mittlerweile keine Angst mehr, dass die Depression erneut ausbricht, denn ich weiß genau, was ich tun oder unterlassen muss, um glücklich zu sein und zu bleiben.

cathyhummels ✓ • Folgen ...

cathyhummels ✓ Wenn man keine Kurven hat, dann trägt man einfach seine Lieblings XXL Daunenjacke 😎 - so geht das also mit dem Zunehmen 😄🤭😌. Danke für euren liebevollen Nachrichten. Genau was man manchmal braucht. Liebe ❤️ #nohate Wieso auch? #liebe ist schöner. #nobodyshaming #selbstliebe

8 Wo.

Gefällt 16.000 Mal

1. JULI 2018

Es ist wichtig, eine innere Stärke und Zufriedenheit zu erlangen, eine innere Balance. Und es ist sehr wichtig herauszufinden, was dich beruhigt und was dich erfüllt. Wenn du drei Stunden laufen gehen musst, dann ist das vielleicht deine persönliche Medizin. Wenn du allein sein und den ganzen Tag weinen musst, ist das auch völlig in Ordnung. Ganz zentral bei einer Form der Depression, wie ich sie erlebte, ist neben der Behandlung langfristig die Hilfe zur Selbsthilfe. Dein Umfeld kann helfen, indem es dich schubst und immer wieder aktiviert: »Weine, überlege, powere dich aus, geh spazieren oder mach etwas Karitatives.« Und egal wie schlecht es dir geht, du musst die Willensstärke besitzen, aktiv zu werden. Du musst dich selbst antreiben. Das ist das Allerschwierigste in einer solchen Phase. Du musst wissen, wer du bist, was du willst und was dich glücklich macht.

Ich habe mit der Zeit gelernt, wen und was ich brauche, um in Balance zu sein. Ganz vorne steht die Familie. An erster Stelle mein Sohn. Ludwig gibt mir unglaublich viel, und ich hätte nie gedacht, wie stark eine solche Bindung zwischen zwei Menschen sein kann. Er bereichert mein Leben in einem Maße, wie ich es nicht in Worte fassen kann. Natürlich gehören auch mein Mann, meine Eltern und Geschwister zu diesen ganz essentiellen Personen, die ich in meinem Leben brauche. Ganz wichtig ist für mich aber auch der Sport. Das mag banal klingen, aber ich bin ein Mensch mit einer sehr hohen Grundenergie. Diese Energie treibt mich an und ermöglicht mir wahnsinnig viel. Wenn ich sie aber nicht umwandeln kann, tut sie mir gar nicht gut und ich werde hibbelig und nervös. Für mich ist notwendig, dass ich mich bewege, um mich auszugleichen. So balanciere ich meinen Körper und meinen Geist. Außerdem empfinde ich mich als einen kreativen Menschen, was mich zum nächsten Punkt führt, meiner Arbeit. Meine Arbeit macht mich glücklich. Ich erfülle mir damit einige meiner Träume. Ich liebe es, zu moderieren, und ich liebe es, meine eigenen Projekte zu verwirklichen.

Wenn ich all das machen und all diese Menschen um mich haben kann, habe ich das Gefühl, etwas geschafft zu haben und dann geht es mir gut. Menschen sind verschieden und setzen sich unterschiedliche Ziele – für den Tag, für das Jahr, für das Leben. Ich muss immer etwas schaffen. Ich bin eine Macherin und es fällt mir schwer, einfach herumzusitzen, das habe ich über mich gelernt. Deshalb war es auch genau richtig, weiter zur Uni zu gehen und meinen Abschluss zu machen, auch wenn es damals – nach der Diagnose Depression – nicht leicht war. Ich nutzte meine damalige Situation und schrieb meine Abschlussarbeit über das Thema Work-Life-Balance. Ich konnte einige meiner Erfahrungen darin einfließen lassen und setzte mich aktiv mit der Thematik auseinander. So konnte ich das Ganze vielleicht ein wenig besser verarbeiten. Als ich 2012 mein Bachelorzeugnis in der Hand hielt, war das ein gutes Gefühl.

Ich habe vieles gelernt in dieser Zeit, ein positiver Nebeneffekt schwieriger Lebensphasen, wenn man sie dann überwunden hat. Eines ist mir aber besonders klar geworden: Ich muss auf mich achtgeben, denn die Ursache meines Problems lag die ganze Zeit über ganz nah, ja, lag in mir. Ich selbst war die Ursache. Ich selbst stand mir im Weg. Ich selbst war mein größter Feind.

Zum Ende dieses Abschnitts möchte ich noch einmal meinen Bruder zu Wort kommen lassen. Es ist mir ein Anliegen, gerade in Bezug auf das Thema Depression und Essstörung nicht nur meine Geschichte und meine Erfahrungen zu teilen, sondern dem Leser mit Rat zur Seite zu stehen. Die fachliche Expertise meines Bruders im Bereich Psychotherapie stellt für mich bis heute einen unglaublichen Gewinn dar, weshalb ich ihn bat, für mein Buch einige persönliche Anmerkungen aufzuschreiben. Diese mögen sich besonders an diejenigen wenden, die sich der Thematik verbunden fühlen. Entweder weil sie selbst betroffen sind, weil sie sich durch Familie, Freunde oder Bekannte damit konfrontiert sehen oder weil sie das Themengebiet interessiert.

Zunächst möchte ich mich kurz zum Thema Anorexie äußern, anschließend werde ich auf verschiedene mögliche Therapieformen eingehen und einige Anhaltspunkte als Hilfestellung zur erfolgreichen Therapeutensuche geben.

Frauen sagen: »Wenn ich dünn bin, bin ich erfolgreich.«
Männer sagen: »Wenn ich muskulös bin, bin ich erfolgreich.«
Entgegen einer weitverbreiteten Annahme nehmen die Fälle von Anorexie bei Frauen heutzutage nicht mehr zu, aber die Betrof-

fenen werden immer jünger. Männer leiden vergleichsweise selten an einer klassischen Anorexie, betreiben aber zunehmend Bodybuilding. Sie sehen optisch nicht anorektisch aus, haben aber sehr oft strikte Essensvorgaben. Sie wollen zwar nicht dünn sein, aber dennoch Fettmasse reduzieren, damit die Muskeln deutlicher hervortreten. Muskulös zu sein, ist ein Zeichen von körperlicher Gesundheit und Erfolg im Leben. Anorexie-Patienten opfern ihre Gesundheit, riskieren dementsprechend auch Organschäden und nehmen in Kauf, dass eigene Lebensziele wegbrechen. Männer, die exzessiv dem Bodybuilding nachgehen, sind so häufig im Fitnessstudio, dass sie damit ebenfalls Lebensziele verpassen. Nicht nur durch den immensen Zeitaufwand, sondern auch durch massive Verschleißerscheinungen am Körper und leistungssteigernde Medikamente wie Ritalin, das Spritzen von Eigenblut oder Anabolika. Diese nehmen sie ein, um die Muskeln aufzupumpen, obwohl sie wissen, dass der Herzmuskel mitwächst, ohne dabei mit Blut versorgt zu werden, weil die Blutgefäße sich nicht vermehren. Damit riskieren sie einen frühen Herzinfarkt.

Das Problem bei Bodybuilding ist, dass es manchmal eben überhaupt nicht anorektisch aussieht, es von der Psyche und der Konfliktsymptomatik her aber in vielen Fällen ein Anorexie-Analogon darstellt. Irgendwann erreichen die Männer ein Gewicht, bei dem ihnen zunehmend die Kontrolle entgleitet. Sie geraten immer tiefer in eine Spirale, aus der sie nicht mehr herauskommen. Unter Ärzten nennen wir dieses Phänomen auch Zauberlehrlingssyndrom. Zunächst ist es toll, wenn der Besen selbst putzt, irgendwann putzt er allerdings auch dann, wenn man es gar nicht will. So erklären wir es immer den Kindern.

Auch bei Frauen verlagert sich das Ganze vom reinen »Dünnsein« eher zum Bodyshaping. Dies ähnelt dem Bodybuilding, und so wie die Männer sind auch die Frauen hier bereit, Substanzen einzunehmen. Das reine Dünnsein gilt in einigen Bereichen gar nicht mehr als schick und oft erntet man für sein Äußeres negative Kommentare. Es ist zwar immer noch gesellschaftlich gewünscht, aber die normale Anorexie bei Frauen wird in manchen Fällen eben auch zum Bodyshaping. Der Phänotyp ändert sich, der psychologische Endotyp aber, der es verursacht, bleibt gleich.

Anorexie-Patienten gehen selten zum Arzt. Es ist charakteristisch, dass sie zum Arzt gebracht werden, weil sie aufgrund der Krankheit selbst nicht sehen, dass sie überhaupt krank sind. Bulimie-Patienten hingegen gehen häufig zum Arzt und geben an, depressiv zu sein aufgrund des Erbrechens. Erst dann findet man heraus, dass eigentlich eine Essstörung vorliegt. Binge-Eating, die Bezeichnung für wiederkehrende Essanfälle, ist mittlerweile ebenfalls eine offizielle Diagnose. In dem Fall kommen die Leute wegen Adipositas zum Arzt. Die verschiedenen Ausprägungen und Formen von Essstörungen sind massiv dem Zeitgeist unterworfen.

Da die an Anorexie erkrankten Menschen wie oben erwähnt immer jünger werden, ist sie heute vielfach ein Fall für die Kinder- und Jugendpsychiatrie, wobei hier das Problem besteht, dass es zu wenig Fachkräfte gibt. Wenn man im Alter von achtzehn Jahren mit einer Anorexie diagnostiziert wird, ist sie eigentlich schon chronisch. Das klassische Einstiegsalter ist eher dreizehn oder vierzehn Jahre. Gerade jüngere Betroffene informieren sich oft darüber, welcher Star schon einmal ein ähnliches psychisches Problem hatte und wie derjenige damit umgegangen ist. Die Vorbildfunktion von Stars hat bei jungen Leuten einen starken Einfluss auf Denken und Handeln. Manchmal bauen wir diesen Einfluss bewusst in die Therapie ein. Wir fragen die Jugendlichen, welches Genre sie interessiert, und empfehlen ihnen dann thematisch passende Biographien. Man nennt das Bibliotherapie.

Womit ich schon beim Thema wäre: Therapie. Zunächst ist es wichtig zu wissen, dass nicht das Label »Depression« nötig ist, um ernst zu nehmende Lebensprobleme zu haben. Es ist nicht erst dann wichtig, wenn irgendein Fachmann ein Etikett draufklebt und sagt: »Das ist eine Depression.« Man kann auch mit ganz normalen Lebensproblemen aufgrund der zunehmenden Vereinzelung der Gesellschaft überfordert sein. Wenn man in der Situation, in der man sich befindet, nicht mehr zurechtkommt, subjektiv überfordert ist und nicht das Gefühl hat, man könne mit irgendjemandem reden, ist das Grund genug, sich Hilfe zu suchen. Man braucht nicht unbedingt die Diagnose »Depression«, sondern es geht vor allem um die subjektive Wahrnehmung der eigenen Situation. Fühle ich mich gerade mit meinem Leben überfordert? Sehe ich keinen Ausweg, wie es besser werden könnte? Habe ich vielleicht sogar passive Todesgedanken? Solche Gedanken sind ohnehin das größte Warnsignal. Sie bedeuten nicht, man ist suizidgefährdet. Es geht darum, dass man sich in einer Situation befindet, die einen selbst überfordert, und man merkt, es gibt kein Ventil und niemanden, an den man sich wenden kann. Das allein ist schon Grund genug, professionelle Hilfe aufzusuchen. Wenn dann noch der Gedanke aufkommt: »Wenn mir jetzt ein Stein auf den Kopf fällt, ist das nicht so schlimm« oder »Wenn ich morgen nicht mehr aufwache, ist das auch egal«, dann sollte man sich dringend Hilfe suchen, im besten Fall aber schon zuvor.

Wichtig zu wissen ist: Es kommt auf *mich* an. Wenn ich empfinde, dass es Probleme gibt, mit denen ich nicht klarkomme, mit denen ich überfordert bin und wo ich für mich keinen Ausweg sehe, ist es egal, ob da jemand dem Ganzen den Namen Depression, Anorexie, Zwangserkrankung oder Panikstörung gibt. Es muss nicht einmal eine Bezeichnung haben, so oder so ist es Grund genug, sich Hilfe zu suchen.

Zunächst ist es egal, an wen man sich wendet. An die beste Freundin, die Eltern, den Partner, ganz egal. Hauptsache, man spricht über die eigenen Gedanken und Gefühle oder schreibt sie auf. Sobald etwas aufgeschrieben oder ausgesprochen ist, stehen die Worte im Raum. Das schafft Distanz, das bin nicht mehr ich, sondern das sind meine Gedanken. Es wird eine gewisse räumliche Distanz geschaffen. Tagebuch schreiben, mit den Eltern, Geschwistern oder Freunden reden – das sind sehr leichte Bewältigungsstrategien. Wenn das nicht hilft oder nicht möglich ist, kann ich mir professionelle Hilfe suchen.

An wen wende ich mich?
Natürlich kann man sich erst einmal an den eigenen Hausarzt wenden. Viele Hausärzte sind mittlerweile fachlich zum Thema Depression gut geschult. Wenn man sich dort nicht verstanden fühlt, hat man natürlich trotzdem das Recht darauf, gesehen und verstanden zu werden. Man kann sich beispielsweise eine Überweisung zu einem Facharzt geben lassen, denn in jedem Fall kennen Hausärzte mindestens einen Psychologen oder Psychotherapeuten, der für eine Überweisung infrage kommt.

Gerade wenn man selbst im ersten Anlauf keinen Termin beim Facharzt direkt bekommt, lohnt sich die Kontaktaufnahme über den Hausarzt, da dieser oft mehr über seine beruflichen Kontakte erreichen kann.

Wenn es um stationäre Psychotherapie geht, würde ich mich in Deutschland eher nach psychosomatischen Kliniken umsehen, wie etwa die Schön Klinik Roseneck in Prien am Chiemsee, an der ich selbst gearbeitet habe. Dort gibt es auch eine hervorragende Abteilung für Jugendliche mit psychischen Problemen. An psychiatrischen Kliniken hierzulande steht in der Regel die Psychopharmakotherapie im Vordergrund und psychotherapeutisch läuft nicht viel. Dort ist man meist nur dann gut aufgehoben, wenn man schwerste psychiatrische Erkrankungen hat, zum Beispiel Schizophrenien, bipolare Störungen, Depressionen mit Wahn oder akute suizidale Krisen.

Es ist niemandem vorzuwerfen, Lebensprobleme zu haben, man kann aber zumindest den meisten mündigen Menschen zumuten, sich Hilfe zu suchen. Es betrifft häufig ja nicht nur die Person selbst, sondern auch andere Menschen wie Freunde, Familie und Partner. Es wäre egoistisch zu beschließen, sich nicht helfen zu lassen, weil man eben nicht nur sich, sondern auch den engen Vertrauten die Chance nimmt, dass einem geholfen werden kann. Depressive tendieren dazu, um sich selbst zu kreisen. Sie leiden sehr stark, keine Frage, aber es gibt eben auch den depressiven Egoismus: »Ich leide für mich und mein Leid geht nur mich etwas an.« Dass sie mit dieser Einstellung und diesem Umgang auch diejenigen belasten, die ihnen nahestehen und helfen wollen, darüber denken sie oft nicht nach. Man spricht in dem Fall vom interaktionellen Recht. *Ich habe das Recht, mich mit meinen Problemen an jemanden zu wenden*, und meine Vertrauten haben *auch* das Recht, dass ich mich an sie oder jemand Professionelles wende.

Viele streben danach, gleich an den besten Experten zu geraten. Viel wichtiger ist aber, dass ich mit dem Experten zurechtkomme und mich direkt mit meinen Lebensproblemen an ihn wenden kann. Die räumliche Nähe zum Therapeuten ist nicht zu unterschätzen, allein wegen der häufig passierenden Rückkopplung mit der Realität. Ich habe eine Depression, bespreche mit meinem Therapeuten, welche Lösungswege es geben kann, und gehe dann raus in die freie Wildbahn. Drei Lösungsstrategien funktionieren, die vierte nicht. In einem solchen Fall muss ich die Möglichkeit haben, gleich zum Experten zurückzugehen, die Situation zu besprechen und meine Strategie zu modifizieren. Ist der Experte also für mich jederzeit greifbar? Ist er räumlich in meiner Nähe und ist er auch so in meiner Nähe, dass ich ihn mit den öffentlichen Verkehrsmitteln erreichen kann? Kann mich im Zweifel jemand hinfahren? In einer akuten psychischen Krise sollte ich nicht selbst fahren, erst recht nicht, wenn gerade Psychopharmaka eindosiert oder erhöht worden sind.

Welches Lebensproblem habe ich und welche Therapieform ist die richtige? Ich will das mal ganz plakativ angehen, wohl wissend, dass es viele Graustufen gibt.

Bin ich jemand, der Erklärungsbedarf hat? Komme ich mit den Problemen, die ich habe, gut durchs Leben, möchte aber wissen, warum ich mich in bestimmten Situationen seltsam verhalte? In einem solchen Fall ist eine psychoanalytische/tiefenpsychologische Therapie sehr zu empfehlen.

Bin ich ein Machertyp und es geht mir nicht darum zu verstehen, warum ich so bin, wie ich bin, sondern darum, mit bestimmten Situationen besser umgehen zu können? Ich will Lösungen, ich will sie schnell und ich brauche keine detailreiche Erklärung? Dann ist eine Verhaltenstherapie genau das Richtige. Habe ich ein Lebensproblem, in dem mein Umfeld mich krank macht? Die Familie zum Beispiel? Für diesen Fall gibt es die systemische Therapie. Neben der psychoanalytischen Therapie und der Verhaltenstherapie ist sie das dritte Therapieverfahren, das sich mittlerweile im Gesundheitswesen etabliert hat und sogar von den Kassen bezahlt wird. Gerade für Kinder und Jugendliche ist diese Form der Therapie wichtig. Es gibt keinen Jugendlichen, der anorektisch ist, ohne dass in der Familie etwas nicht stimmt, zumindest in schweren Fällen.

Therapie bei einem Arzt oder bei einem Psychologen?
Man muss wissen: Jeder Psychiater ist heutzutage Psychotherapeut, deshalb steht auf dem Praxisschild ja auch immer

Facharzt für Psychiatrie und Psychotherapie. Allerdings ist nicht jeder Psychologe ein Psychotherapeut. Psychologen müssen nach dem Studium eine zusätzliche Ausbildung zum Psychotherapeuten machen, woraufhin sie sich psychologische Psychotherapeuten nennen. Es gibt hierzulande also ärztliche und psychologische Psychotherapeuten.

An dieser Stelle muss man sich fragen: Traue ich mir selbst zu, durch die Depression und die schwere Lebenssituation hindurchzukommen, oder bin ich jemand, der unter Umständen chemische Hilfe in Anspruch nimmt? Möchte man das auf gar keinen Fall, gibt es keinen Grund, zu einem ärztlichen Psychotherapeuten zu gehen. Natürlich ist es eine Möglichkeit, aber keinesfalls notwendig. Wenn man grundsätzlich offen ist für chemische Unterstützung und möchte, dass alles in einer Hand liegt, sollte man sich einen ärztlichen Psychotherapeuten suchen, weil Psychologen keine Medikamente verordnen dürfen.

Grundsätzlich lässt sich sagen: Wenn ich mir einen Therapeuten wünsche, der pragmatische und handfeste Lösungen bietet, der kein Blatt vor den Mund nimmt, der direktiv sein kann und stark lösungsorientiert ist, dann ist ein ärztlicher Psychotherapeut in jedem Fall einen ersten Versuch wert. Bin ich aber jemand, der leicht kränkbar und sensibel ist, der lieber vorsichtig behandelt werden möchte und der vielleicht auch gerne mit dem Therapeuten durchsprechen würde, warum man selbst so geworden ist, wie man ist, dann ist eher ein psychologischer Psychotherapeut zu empfehlen.

Wie finde ich meinen Psychologen?
Den einfachsten Weg, einen Psychologen im nahen Umfeld zu finden, bietet Google Maps. Man schaut, wo sich im Umkreis seines Lebensmittelpunkts Psychologen befinden. Wichtig ist dabei, wie schon gesagt, die räumliche Nähe. Man wählt folg-

lich drei bis vier Psychologen aus und vereinbart zunächst einmal Probesitzungen. Wie ist mein erster Eindruck? Kann ich mich öffnen? Habe ich das Gefühl, einen guten Draht zum Gegenüber zu haben? Spüre ich eine gemeinsame Wellenlänge? Das eigene Gefühl steht bei einer solchen Entscheidung über den objektiven Tatsachen. Wenn man systematisch nach den genannten Kriterien sucht und am Ende nach Gefühl entscheidet, findet man sicherlich den richtigen Experten. Damit ist schon ein großer Schritt in Richtung Besserung getan.

11
Und dann erblickte ich das Licht der Medien

cathyhummels ✓ • Folgen   ...

cathyhummels ✓ Watch meeeee -
19:50 Uhr im Vorbericht der
Championsleague auf SKY 🙀🙀🙀

328 Wo.

Gefällt 1.036 Mal

18. MÄRZ 2014

Die Erleichterung überkam mich wie eine Welle der Befreiung – die Uni war geschafft. Endlich konnte ich durchatmen. Nun wollte ich mir erst einmal Zeit nehmen für das, worauf ich Lust hatte. Es galt, mich neu zu sortieren und herauszufinden, was genau ich machen wollte, wie ich mir meine berufliche Zukunft vorstellte. Ich hatte ja nie einen beruflichen Werdegang in Richtung Wirtschaft geplant. Mein Studium diente eher als Absicherung für die Zukunft. Natürlich half es, gewisse Dinge anders zu beleuchten und zu verstehen, im Endeffekt wollte ich aber vor die Kamera, als Moderatorin oder Schauspielerin, wofür ich mein Studium nicht wirklich brauchte.

Und dann, wie aus dem Nichts, kam unverhofft eine Chance ins Haus geflogen: ein Job als Reporterin beim Bezahlsender Sky. Ich sagte sofort zu. Wenn sich die Möglichkeit für mich

125

ergibt, etwas zu tun, was ich liebe, dann überlege ich nicht lange. Sobald ich zu viel grüble, zerdenke ich die ganze Sache und Zweifel machen sich breit. Ich hatte Angst, wieder in alte Verhaltensmuster zu fallen. Das wollte ich nicht riskieren, nicht bei dieser Chance. Ich dachte: Du arbeitest an dir und tust es einfach!

Natürlich stieß mein neuer Job bei manchen auf Unverständnis. Wie kam Sky darauf, Cathy Hummels, damals noch Fischer, als Reporterin einzusetzen? Na ja, ich war die Freundin von Mats und stand durch ihn bereits in der Öffentlichkeit. Mein Ehemann ist nun einmal Weltklasse in dem, was er tut, und ich war und bin die Frau an seiner Seite. Nicht dass das alles ist, was ich bin, aber ich bin es eben *auch*. Und diese Position machte es mir möglich, quereinzusteigen und einen langjährigen Traum zu verwirklichen, das Moderieren. Ich konnte verstehen, dass diese Art von Karriereeinstieg schwer zu akzeptieren war für jemanden, der jahrelang auf eine solche Chance hingearbeitet hatte, sei es mit einer Ausbildung oder mit einem Studium. Trotzdem ergriff ich die Gelegenheit und bin mir sicher, viele andere hätten genauso gehandelt.

Mats wusste immer von meinen beruflichen Plänen, die Entscheidungen allerdings traf ich allein. Natürlich fragte ich ihn um Rat und wir besprachen die Jobangebote, die ich bekam. Gerade bei Sky, wo es sich ja um Fußball drehte, konnte er mir gute Tipps geben und sagen, worauf ich achten sollte. Und natürlich besprachen wir die Dinge, die ihn direkt oder indirekt betrafen. Aber ansonsten bin ich der Meinung, dass jeder sein eigenes Ding machen sollte. Wieder musste ich da an meine Mutter denken, die studierte, drei Kinder bekam, ihren Steuerberater machte und nebenbei noch den Haushalt schmiss. Manchmal frage ich mich wirklich, wie sie das alles schaffen konnte. (Ja, Papa, auch du hast Großartiges geleistet

☺ Aber wir Frauen schultern am Ende doch immer ein bisschen mehr.)

Da war er also, mein erster richtig großer Job. Für meine Sendung *Cathy unterwegs* kam ich als Reporterin viel rum, reiste nach Barcelona, Madrid oder San Sebastián, um Gespräche mit spannenden Menschen zu führen. Was gab es Besseres für den Beginn meiner TV-Laufbahn? Ich traf Alfons Schuhbeck, den Koch der Fußballmannschaft des FC Bayern München, Lotto King Karl, Musiker- und Moderatorenkoryphäe aus Hamburg, die Familie von Javier Hernández, dem Fußballspieler aus Mexiko, der damals für Manchester United spielte, und viele andere.

Der Allererste, den ich interviewen durfte, war der Schauspieler Wotan Wilke Möhring. Er drehte zu der Zeit auf Mallorca, dort sollte ich ihn auch treffen. Im Vorfeld recherchierte ich über ihn und seinen Werdegang, und wir tauschten uns per E-Mail aus. Bei der Gelegenheit gestand ich ihm, wie aufgeregt ich war. Denn dieses Interview würde schließlich der Startschuss der Sendung sein, mein Sprung ins kalte Wasser der medialen Aufmerksamkeit. Bis heute bin ich dankbar, wie herzlich er reagierte: »Ich habe auch irgendwann mal meinen ersten Film gedreht und stand nervös am Set. Das geht jedem so, keine Sorge. Wir kriegen das schon hin.« Diese Worte beruhigten mich sehr. Es spielte mir vielleicht auch in die Hände, dass Wotan BVB-Fan war. Natürlich wurde ich für die Show gecoacht und reiste gut vorbereitet an, aber die erste Sendung ist halt immer etwas Besonderes, und Wotan machte es mir leicht, die Sache mit ihm gemeinsam souverän und locker über die Bühne zu bringen.

Es gibt viele lustige Geschichten aus der Zeit bei Sky. Wie ich zum Beispiel nach Barcelona flog, um mich mit den Eltern von Javier Hernández zu treffen. Ich musste mich bei den Dreharbeiten selbst um Garderobe und Styling kümmern, also packte ich vor meiner Abreise diverse Outfits für drei Tage Barcelona ein, dazu ein Glätteisen, meine Stylingprodukte, Föhn, Makeup-Artikel, was man halt alles braucht oder brauchen könnte. Lieber ein Kleid zu viel als zu wenig, dachte ich mir. In letzter Sekunde stopfte ich noch eine Flasche Körperöl in den übervollen Koffer. Das war leider keine gute Idee. Beim Transport musste die Flasche geplatzt sein, was ich erst feststellte, als ich den Koffer abends im Hotel öffnete: Das Öl hatte sich seinen Weg in jede Ritze gebahnt. Vom Ladekabel bis hin zu den Klamotten – alles voll mit dem schmierigen Zeug. Zeit zum Shoppen hatte ich nicht, am nächsten Morgen musste ich vor der Kamera stehen. Improvisation war gefragt. Nur wenige Kleidungsstücke waren verschont geblieben, die musste ich kombinieren, auch wenn sie gar nicht zusammenpassten. Die ölfreien Klamotten wurden zum Outfit der Stunde. Und dem der folgenden Tage. Und Nächte, teilweise schlief ich darin. Angenehm war das alles nicht, aber diese Panne hatte ich mir selbst zuzuschreiben und sollte mir eine Lehre sein.

Neben meiner Sendung bei Sky wurde ich von dem ProSieben-Format *Red* als Trendscout auf die Berlin Fashion Week geschickt. Auch eine coole Erfahrung. Außerdem bekam ich meine erste Kolumne in dem People-Magazin *Closer*, wofür ich zahlreiche Stars traf, um mit ihnen über Style und Privates zu sprechen. Beruflich entwickelte sich in diesem Jahr unglaublich viel. Mit der Moderation hatte ich eine neue Richtung eingeschlagen, die ich mir als berufliches Standbein sehr gut vorstellen konnte. Trotz mancher Rückschläge, die noch folgen sollten. Nach wie vor bin ich froh, diesen Weg weitergegangen zu sein.

Ein Vorbild war und ist für mich Barbara Schöneberger. Ihr kann, finde ich, niemand das Wasser reichen. Als ich sie 2014 am Rande der Herz-für-Kinder-Gala das erste Mal persönlich getroffen habe, hat sich bestätigt, was sie für eine Wucht ist – klug, witzig, authentisch in dem, was sie tut, und so schlagfertig. Gar nicht lange her ist es, dass ich zu Gast in ihrem Podcast »Mit den Waffeln einer Frau« war. Eine Stunde lang unterhielten wir uns über alle möglichen und unmöglichen Themen, und egal, um was es ging, Barbara hatte immer den passenden Kommentar parat.

Beispiel gefällig: Als es um die Einrichtungstalente von Männern ging, in diesem Fall von Mats, entwickelte Barbara sofort eine eigene Theorie.

Cathy: »Also in Dortmund hat Mats das meiste eingerichtet, und ich muss sagen, er hat mich echt geflasht. Er hat sogar eine wahnsinnig tolle Kuscheldecke gekauft, da war ich schon sehr überrascht!«
Barbara: »Ja, der konnte mal frei agieren, angstfrei agieren. Der kann jetzt einfach mal losgehen und kann sich, ohne dass du ihm im Nacken sitzt, selbst entscheiden und dann entfalten sich diese Männer auch.«
Cathy: »Er hat auch wirklich viel selbst aufgebaut. Die Kinderküche, Schränke, das Bett – ganz viel.«
Barbara: »Er hat ja Zeit, und so, wie du ihn vorher beschrieben hast, verbringt er ja nicht allzu viel Zeit damit, sich den Brokkoli zu dünsten mit ein bisschen Kokosfett. Insofern kann er natürlich in der Zeit, wo er sich die Pommes Schranke reinhaut, locker zwei bis drei Betten aufbauen.«

Zum Abschluss in der »Entweder-oder-Fragerunde« konnte dann *ich* schlagfertig sein, auch wenn Barbara mir dabei eine private Info entlockte.

Barbara: »Frage: Lieber nackt schlafen oder im Schlafanzug?«
Cathy: »Schlafanzug! Ich liebe Pyjamas. Weite T-Shirts,
weite Schlafhosen, tausendfach gewaschen. Deshalb
dauert es noch mit dem zweiten Kind.«

Ironie oder pure Wahrheit? Das behalte ich für mich 😌 Auf
jeden Fall war unser Gespräch äußerst unterhaltsam, für uns
sowieso und hoffentlich auch für die Zuhörer.

Nach dieser kleinen Exkursion zurück in die Zeit kurz
vor der Weltmeisterschaft 2014. Je mehr Jobs ich machte, desto mehr rückte ich in das Licht der Öffentlichkeit und desto
mehr Menschen kannten mein Gesicht. Ich machte mir
eigentlich nie Gedanken darum, ob mich die Leute auf der
Straße erkannten oder nicht. Wenn jemand mich ansprach,
freute ich mich, und das ist heute auch noch so. Ich würde
von mir behaupten, ich bin immer noch die Cathy, die ich war,
als mich noch kein Mensch kannte. Ich gehe ungeschminkt
auf die Straße und bin manchmal angezogen wie ein Clown,
wenn es mal wieder schnell gehen muss. Ich mache mir darüber wirklich weniger Gedanken, als die meisten erwarten
würden, weshalb sich für mich auch nichts änderte, als ich
bekannter wurde.

Doch, eine Sache hat sich geändert: Je länger ich in dem
Mediengeschäft unterwegs war, umso mehr Erfahrungen konnte ich sammeln, positive wie negative, was mir wiederum half,
mein berufliches Leben besser und bewusster zu gestalten. Meine Sendung bei Sky war auf insgesamt zehn Folgen angelegt
und lief ein Jahr lang, dann wurde sie – sehr zu meinem Be-
dauern – eingestellt. Der Produktionsaufwand sei zu hoch, so
lautete die offizielle Begründung. Vielleicht hatten aber auch
die vielen negativen Schlagzeilen über mich im Sommer 2014

ihren Anteil an der Entscheidung. Beruflich ging es für mich weiter. Die WM stand vor der Tür.

12
From Hit to Shit – willkommen im Jahr 2014

cathyhummels ✔ • Folgen ...

cathyhummels ✔ Es ist offiziell 😍! Während der WM schreib ich exklusiv für Bild und mache jeden Tag tolle Videos 😍 Ich freue mich 😍 🌷 🌸

317 Wo.

♡ ◯ ▽   ◻

Gefällt 1.040 Mal

6. JUNI 2014

So optimistisch dieser Post aus dem Juni klingt, das Jahr entwickelte sich alles andere als positiv. Es fing schon schwierig an, denn im März 2014 war die Depression zurück. Vieles kam zusammen. Die Angst, den Ansprüchen nicht zu genügen, im neuen Job nicht Fuß fassen zu können, wie ich es mir so sehr wünschte. Ich hoffte auf eine Wende in Brasilien.

Die meisten Leute, die irgendwann mal von mir gehört, gelesen oder mich im Fernsehen gesehen haben, haben sich ein bestimmtes Bild von mir gemacht. Viele haben mich dann gleich mal in eine Schublade gepackt, nur die wenigsten wissen, wer ich wirklich bin und was ich erlebt habe. Die medialen Anfeindungen, die Shitstorms, vor allem im Jahr 2014, haben mich geprägt. Wer es nicht mitbekommen hat: Die Zeitungsartikel aus dieser Zeit kann man immer noch abrufen. Aber ich bin wieder aufgestanden, egal wie sehr über mich gelacht, gelästert oder gar gehetzt wurde. »Dumm wie Toastbrot«, »From Hit to Shit« – nur zwei Beispiele von vielen.

Vielleicht – okay, ganz sicher – bin ich selbst nicht ganz unschuldig daran. Ich trat damals sehenden Auges in so manches Fettnäpfchen, das man mir hingestellt hatte. In die Welt der Medien wurde ich nicht hineingedrängt, sondern ich habe das alles freiwillig mitgemacht. Mir war damals nur nicht bewusst, wie sehr mir jedes Wort im Munde umgedreht werden kann. Jeden noch so kleinen Fehler führte man mir hämisch vor Augen. War manches unbedacht von mir? Sicher. War ich naiv? Das nicht, aber unerfahren. Ich trug schon immer das Herz auf der Zunge und sprach das aus, was ich in dem Moment dachte. Das entspricht einfach meinem Naturell. An sich sollte das eine gute Eigenschaft sein – sich nicht verbiegen zu lassen, medial kann es allerdings in einem Fiasko enden. Genau das musste ich auf die harte Tour lernen.

Mittlerweile ist die Phase des Shits (fast) vorbei, zumindest prallt er an mir ab, und wenn doch mal etwas gesagt oder geschrieben wird, was persönlich verletzend ist, kann ich damit umgehen. Man muss nicht in der Öffentlichkeit stehen, um einen Shitstorm zu erleben, und diejenigen, die eine solche Erfahrung gemacht haben, möchte ich motivieren, ermutigen, bestärken.

Aber beginnen wir von vorn. Pünktlich zur Weltmeisterschaft 2014 erhielt ich eine spannende Jobofferte. Für die *Bild* sollte ich vor Ort aus Brasilien berichten. Die zwanzigste Austragung der WM stand ins Haus. Gemeinsam mit Trainer Joachim Löw ging es für die deutsche Nationalmannschaft am 7. Juni 2014 nach Brasilien. Damals ahnte die Mannschaft natürlich noch nicht, dass sie fünf Wochen später mit dem Siegerpokal im Gepäck nach Berlin zurückkehren und als Helden der Nation gefeiert werden würden. Mario Götze schoss im

Finale gegen Argentinien das entscheidende Tor in der 113. Minute und verschaffte Deutschland den Weltmeistertitel. Die Zuschauer im ausverkauften Stadion tobten und mit ihnen Millionen von Fans zu Hause in Deutschland vor dem Fernseher, der Leinwand oder bei Public Viewings. Die Stimmung damals war unglaublich, und der Sieg der Mannschaft sorgte für ein unvergleichliches Gemeinschaftsgefühl der Deutschen.

Mats spielte damals noch im Kader der Nationalmannschaft, was mich natürlich wahnsinnig stolz machte. Job hin oder her, ich wäre ohnehin hautnah dabei gewesen, um ihn zu unterstützen und live mitzufiebern. So hatte ich gleichzeitig eine Aufgabe vor Ort und die Chance, an meiner Karriere zu arbeiten. Und das alles im wunderschönen Brasilien – eine perfekte Kombination. Meine damalige Managerin hatte einen guten Kontakt zu *Bild* und die suchten nach einer Spielerfrau, die eine WM-Kolumne in Form eines Videotagebuches machen würde. (Den Stempel »Spielerfrau« und dessen Konnotation mochte ich damals genauso wenig wie heute, aber damit lernte ich umzugehen.) Kurz vor dem Abflug nach Brasilien ging es los. Ein Videoteam begleitete mich bei meinen Vorbereitungen auf das große Abenteuer.

Natürlich hatte ich einige Vorgaben und es war genau geskriptet, was ich im Videotagebuch machen würde, gesprochen habe ich aber frei Schnauze und mit dem Herzen auf der Zunge. So, wie ich bin. Ich sprach mit der Kamera, als seien die Zuschauer meine Freunde, und das war ein Fehler und bald schon ein gefundenes Fressen für die Medien. Ich wusste es damals nicht besser und konnte nicht absehen, welches Ausmaß manche meiner Aussagen haben würden. Und irgendwann kippte die Stimmung.

Simone Ballack gab damals den Startschuss, als sie mich in einem Video nachahmte und sich über mich und meine

Kolumne lustig machte. Extrem aufgedreht und mit hoher Piepsstimme erzählte sie in einem Videoclip, dass sie nun schon seit zwei Stunden probieren würde, ihren Koffer zu schließen und dass sie Gott sei Dank einen flauschigen Schlüsselanhänger vom DFB für ihr Hotelzimmer in Brasilien bekommen hätte, weil sie sonst ja gar nicht gewusst hätte, welches Zimmer nun das ihre sei. Das Video dauerte keine Minute, 52 Sekunden, um genau zu sein. Diese Sekunden allerdings machten schnell die Runde. Durch die sozialen Medien ging das Video viral, andere sprangen auf den Zug mit auf, und es begann ein Abschnitt meines Lebens, der durch Häme und Spott geprägt und alles andere als leicht für mich sein sollte. Es folgten unzählige Artikel, Schlagzeilen und Kommentare: »An Peinlichkeit nicht zu übertreffen!« – »Mats sollte sich schämen, wie kann er nur mit so einer zusammen sein?« – »Cathy Fischer, dumm wie Brot!« – »Die soll studiert haben?! Der Abschluss ist doch garantiert gekauft!« – »From Hit to Shit!«

Da waren wirklich viele böse Sachen dabei. Ich kam nicht hinterher, alles zu lesen. Und das, was ich las, reichte mir völlig. Kaum eine Zeitung verschonte mich. Der *Stern* titelte mit »Balla balla aus Brasilien«, die *FAZ* bezeichnete meine Kolumne *Style-Pass* charmant als »Flachpass«, die *Gala* meldete sich mit dem Artikel »Die meistgehasste Spielerfrau« zu Wort und die *BUNTE* ließ sich von dem Tweet »Schön, blöd, arbeitslos« inspirieren. Und auf Twitter ging es natürlich auch hoch her.

»Wenn du denkst, unter dem IQ 0 gäb's nichts mehr, kommt von irgendwo Cathy Fischer her.«

»Unfassbar dumm. Dachte nach all der Kritik würdest du dich mehr zurückhalten. Hoffe Mats sieht es endlich ein, dass du nur mediengeil bist aber nichts kannst. Machst dich mit deiner ewigen Soja-Latte-Sprüche nur noch lächerlich.«

»Die WM hat noch nicht angefangen und schon jetzt steht Cathy Fischer als überflüssiges ›Beiwerk‹ des Turniers fest.«

Die Verfasser solcher Tweets empfanden sich selbst wohl als außerordentlich kreativ, jedenfalls nahmen sie kein Blatt vor den Mund. Immer wieder wurde ich mit ähnlich lautenden Kommentaren in den Medien und sozialen Netzwerken überschwemmt. Und immer wieder stand ich vor der Frage: Wie gehe ich damit um? Mache ich weiter? Gebe ich auf?

Natürlich sprach ich mit Familie und engen Freunden darüber, und viele rieten mir dazu, sofort mit der Kolumne aufzuhören. Ich sollte es lieber lassen, so etwas hätte ich gar nicht nötig. Wir haben uns lange beratschlagt und diskutiert. Auch Mats sagte mir, ich solle die Sache zu meinem eigenen Schutz beenden. Ich selbst war im Zwiespalt. Ich konnte doch nicht mittendrin das Handtuch werfen! Das war nicht meine Art. Also zog ich die Sache weiter durch.

Bis heute bin ich mir nicht sicher, ob das ein Fluch oder Segen war. Zumindest blieb ich mir treu und hielt dem Shitstorm stand. Darauf bin ich stolz. Ich hätte damals jemanden gebraucht, der in Jobfragen besser auf mich aufpasste und mich auf das vorbereitete, was mich erwartete. Ich war neu in der Branche und lief ins offene Messer. Mittlerweile ist das Ganze verjährt und ich möchte die alten Geschichten auch nicht wieder ausgraben, vermutlich wussten meine Arbeitgeber aber genau, dass meine Kolumne solche Wellen schlagen würde. Nur ich wusste es nicht. Das Schlimmste für mich war, dass bei den

Menschen draußen plötzlich ein Bild von mir entstand, das nicht dem entsprach, wie ich war.

Auch in meinem Umfeld änderte sich die Atmosphäre. Einige in der Mannschaft wurden plötzlich misstrauisch, weil ich als Reporterin für die *Bild* arbeitete. Man befürchtete, ich könnte heimlich Interna preisgeben, es ging so weit, dass einige der Spieler ihren Freundinnen oder Frauen rieten, sich besser von mir fernzuhalten und bloß keine privaten Infos mehr zu teilen. Diese Situation, dieser Argwohn, war wirklich schlimm für mich, denn so etwas hätte ich niemals getan. Nichts lag mir ferner, als das Vertrauen von Familie, Freunden oder Bekannten für eine Schlagzeile aufs Spiel zu setzen – und es ist nicht so, als hätte die *Bild* nicht oft genug in der Richtung gebohrt. Doch meine Prioritäten waren an der Stelle ganz klar gesetzt. Leider wussten das scheinbar einige Spieler und deren Partnerinnen nicht, was die Situation für mich erschwerte. Eigentlich war ich eine von ihnen, andererseits behandelten sie mich wie einen Spitzel, eine Journalistin, die nur auf eine reißerische Schlagzeile lauerte und von der man sich fernhalten musste.

Natürlich versuchte ich, professionell zu bleiben und meinen Job so gut es ging weiterzumachen, leicht war es nicht. Die schwierige Phase, die Depression, die Panikattacken, all das war noch nicht lange her, und meine Psyche ohnehin noch angeschlagen. Aber ich riss mich zusammen. Bis heute weiß ich nicht, wie ich das durchstehen konnte. Diese Monate markierten den Tiefpunkt meiner Karriere, und zeitweise hätte ich nicht gedacht, dass ich mich wieder fange. Simone Ballack bin ich nach der WM nie wieder persönlich begegnet. Ich empfand ihre Aktion damals als sehr unglücklich, sagen wir mal so. Für derartigen Humor auf Kosten anderer habe ich wenig Verständnis, ob es nun mich betrifft oder andere. Darüber hinaus saß sie selbst als Spielerfrau lange im gleichen Boot wie ich und wusste, wie schwer man es im Fokus der Medien haben kann. Es ist schade, dass sie trotz dieses Bewusstseins so mit der Situation umgegangen ist. Vielleicht war ihr auch nicht bewusst, was sie damit auslösen würde.

Ich möchte die Schuld aber nicht nur bei anderen suchen. Es war definitiv mein Fehler, mich als Partnerin eines Fußballers beruflich im Dunstkreis des Fußballs zu bewegen. Das würde ich heute nicht mehr machen. Selbst wenn der Erfolg lockt und das Angebot noch so verlockend klingt – ich würde davon abraten, denn man kann nur verlieren. Es ist immer noch so, dass man sich als Frau in den Medien doppelt und dreifach behaupten muss, von einer Spielerfrau mal ganz zu schweigen.

Die Lehre, die ich gezogen habe: Obwohl ich mir mittlerweile mein eigenes Standbein in der Medienwelt aufgebaut habe, versuchen es einige Journalisten immer wieder, ihre Fragen auf meinen Mann zu lenken, um etwas über ihn und unser Privatleben zu erfahren. Einmal war ich beispielsweise in eine Sendung eingeladen, um über mein damals neu erschienenes Yoga-Buch zu sprechen. Anstatt aber meinen Weg zum Yoga zu thematisieren, bohrte der Moderator permanent in Richtung Mats, Fußball und Privates. Bereits am Anfang der Sendung hatte ich signalisiert, für Fragen dieser Art nicht offen zu sein. Dennoch ließ er die gesamte Sendung über nicht locker, sodass wir uns am Ende einen kleinen Schlagabtausch lieferten, nach dem klar war, wir beide würden in Zukunft vermutlich nicht noch einmal zusammenkommen. Und ich glaube, sowohl er als auch ich können damit ganz gut leben.

Das Image der Spielerfrau ärgerte mich nie wirklich. Ich hatte damit kein Problem. Wenn die Medien nachfragten, wie ich denn damit umgehen würde, sagte ich ein paar Sätze, aber an sich interessierte mich nicht, was die Öffentlichkeit mit dem

Begriff »Spielerfrau« assoziierte. Mats ist ein extrem talentierter und erfolgreicher Fußballer, ich bin die Frau an seiner Seite und verdammt stolz auf ihn. Ich machte mir keine Gedanken darüber, dass ich eine unbedeutendere Rolle spielte. Das stand für mich nicht im Vordergrund. Mir war wichtig, dass wir zusammen waren, als Team fungierten und ich ihn unterstützte, wo ich konnte. Da nimmt man gern in Kauf, dass die Öffentlichkeit ein bestimmtes Bild von den Frauen an der Seite der Spieler hat. Obwohl es natürlich schade ist, dass es dieses Schubladendenken gibt. Ich glaube, daran zeigt sich ein tief verankertes Problem in unserer Gesellschaft. Menschen reduzieren andere auf ihre Außenwirkung und bilden sich auf dieser Basis ihre Meinung. Da schließe ich mich selbst nicht aus. Manchmal erwische ich mich dabei, wie ich mich von Vorurteilen leiten lasse, und später plötzlich merke: Oh, eigentlich ist es ja ganz anders. Mit der Zeit habe ich mir angewöhnt, den Menschen erst einmal kennenzulernen und mir dann meine Meinung zu bilden. Das klappt nicht immer, aber meistens. Mir ist diese Herangehensweise wichtig, weil ich Menschen offener und unvoreingenommener kennenlernen kann. Und ich werde oftmals positiv überrascht.

Rückblickend hätte ich manche Dinge anders machen sollen. Ich vertraute Menschen blind, die ich eigentlich überhaupt nicht kannte und deren Interessen ich nicht im Sinn hatte. Heute wäre ich vorsichtiger. Ich würde auch nicht mehr ohne Weiteres das tun, was andere erwarten oder mir raten, ohne ausgiebig darüber nachzudenken. Und im Gegensatz zu damals würde ich mir heute meine Fehler offen eingestehen und lieber erhobenen Hauptes einen klaren, verfrühten Schnitt machen, als auf Biegen und Brechen bis zum Schluss auszuharren. Es ist eine Stärke, sich Fehler einzugestehen. Der Klügere gibt nach. Da ist was Wahres dran. Wenn man in einem Streit merkt, der andere beharrt auf seinem Standpunkt und möchte einfach nur recht bekommen, dann sollte man einlenken. Ich sage lieber einmal zu viel »es tut mir leid« als einmal zu wenig. Man muss nicht immer gewinnen, um als Sieger vom Platz zu gehen. Solange man für sich weiß, was man will, solange man auf sein Herz hört.

FISCHER-KOLUMNE
Cathys schönste Momente im Video

cathyhummels ✓ • Folgen ...

cathyhummels ✓
http://m.bild.de/video/clip/cathy-fischers-wm-tagebuch/best-of-cathy-36844942,wantedContextId=36848862,variante=S.bildMobile.html

Es war nicht immer leicht für mich - aber ich hatte eine wunderschöne Zeit und durfte viel erleben. Danke 💗

311 Wo.

Gefällt 1.686 Mal

17. JULI 2014

Trotz kritischer Rückschau war es auch eine gute Zeit in Brasilien. Ich durfte in diesen sechs Wochen unglaublich viel erleben, flog zu jedem Austragungsort mit, sah jedes Spiel im Stadion und unterstütze Mats, so gut ich konnte. Für ihn war meine mediale Situation auch nicht leicht. Ich versuchte aber, stark für ihn zu sein, sodass er sich voll und ganz auf das Training und die Spiele konzentrieren konnte.

Glücklicherweise war am Anfang meine beste Freundin noch mit dabei. Sie konnte mich auffangen und stützen, als der Shitstorm losging. In solchen Situationen braucht man vertraute Menschen, die es gut und ernst mit einem meinen. Und auf deren Meinungen und Ratschläge hätte ich hören sollen, anstatt mich in einem Wirrwarr von Meinungen zu verlieren. Es allen recht machen zu wollen, ist kein guter Ansatz – das scheitert in den meisten Fällen.

Den Mädchen und Frauen da draußen möchte ich mit auf den Weg geben: Es gibt viele Menschen und noch mehr Meinungen. Das Wichtigste ist, die eigene innere Stimme und das eigene Bauchgefühl nicht zu verlieren. Horcht in euch hinein und fragt euch: Was brauche ich? Was sagt mein Bauch? Was sagt mein Herz?

Sie sind meistens die verlässlichsten Ratgeber. All das hat mich das Jahr 2014 gelehrt, und so schwierig es war, ich bin auch dankbar für die Erfahrung. Die Öffentlichkeit trat mich damals mit Füßen, inklusive Stollen unterm Schuh. Diese Phase zu überstehen, hat mich stärker gemacht.

13
Weitermachen, auch wenn's schwerfällt

Wo ein Wille ist, ist auch ein Weg, sagte ich mir. Das Jahr 2014 war ein harter Rückschlag für meine Karriere, aber ich nahm mir vor, mich wieder aufzurichten und mein Image aufzupolieren. Nach der Weltmeisterschaft musste ich erst einmal zur Ruhe kommen und verarbeiten, was passiert war. Ich brauchte Zeit zum Reflektieren, zum Verdauen. Mats und ich verbrachten zwei Wochen in Frankreich, ein Urlaub, den wir beide gut gebrauchen konnten.

Natürlich gab es Kollateralschäden durch den medialen Shitstorm, der seit Wochen um mich wütete. Eine Situation werde ich nie vergessen. Ein Fernsehsender hatte mich zu einem Fashion-Event eingeladen. Alles war schon organisiert, als ich von meiner Agentur unmittelbar vor der Veranstaltung eine Nachricht erhielt, mit der ich hätte rechnen können, die mich aber trotzdem umhaute. »Sorry, Cathy, der Sender hat es sich anders überlegt und möchte dich nicht mehr dabeihaben. Dein Ruf ist zu beschädigt, du bist denen zu peinlich.« Ich war offiziell ausgeladen. Zu peinlich! Mit so einer Aussage muss man erst einmal umgehen.

Ich hätte mich nach den Erfahrungen in dem Jahr auch komplett zurückziehen und verkriechen können, um einen Plan B zu schmieden. Immerhin hatte ich da noch meinen Studienabschluss. Aber: Aufgeben kam für mich nie infrage. Ich wollte ernst genommen werden. Die Leute sollten erkennen, dass ich anders war als die Cathy, die sie bisher in den Medien kennengelernt hatten. Dass ich mehr war. Ich würde weitermachen und mir dabei treu bleiben. Langsam, aber sicher fand ich wieder meinen Rhythmus, und durch die sozialen Medien ließ ich diejenigen, die sich für mich interessierten, an meinem Leben teilhaben, ich zeigte ihnen die echte Cathy mit Ecken und Kanten.

Es brauchte Einsatz, Zeit und Geduld, bis sich mein Image wieder erholte. Das geschah nicht über Nacht. Trotz allem hatte ich immer noch eine Menge Jobanfragen. Mein Name, mein Gesicht waren ja weiterhin bekannt, und viele sahen in den Schlagzeilen sogar einen Vorteil. *There's no such thing as bad publicity.* Ich für meinen Teil versuchte, ab sofort überlegt vorzugehen und nur das mitzunehmen, was mich persönlich weiterbringen würde. Tage, Wochen, Monate gingen ins Land. Ich arbeitete manchmal sogar umsonst, bildete mich weiter, machte Moderationstraining, ließ mich coachen und ging auf eigene Kosten zu Veranstaltungen, um Kontakte zu knüpfen. Hinter dem, was ich beruflich mache, steckt ja fast ein kleiner Kosmos, den man auf den ersten Blick nicht wahrnimmt. Es gehört sehr viel mehr dazu, als ein nettes Outfit überzuwerfen und in die Kamera zu lächeln. Zum Glück hatte ich einige gute Kontakte, Menschen, die es gut mit mir meinten und mir dabei halfen, eine solide Basis, mein ganz persönliches Netzwerk, aufzubauen.

Die Tatsache, dass viele meinten, mich einschätzen zu können, weil sie etwas über mich gehört oder gelesen hatten, spielte mir insofern auch in die Hände, als dass ich die Leute positiv überraschen konnte, wenn sie mich tatsächlich persönlich kennenlernten. Dann dachten sie: Sie ist ja ganz anders, als ich dachte. Es tat gut, das falsche Bild Stück für Stück geradezurücken und Menschen für mich zu gewinnen. Durch viel Fleiß kam ich an immer bessere Jobs.

Heute sehe ich diese Phase meines Lebens als Bewährungsprobe für meine Persönlichkeit. Ich hatte die Wahl zwischen dem Rückzug in einen anderen Job, in dem ich wahrscheinlich nicht glücklich geworden wäre, und dem Kampf für eine unsichere, aber selbstgewählte Zukunft. Und ich entschied mich für meine eigene Marke und eine Zukunft voller Kreativität. Für diese Freiheit gab ich ein Stück Sicherheit auf, doch das war es mir wert. Ich wollte mir meinen Traum erfüllen und war bereit, Gas zu geben, viel Zeit zu opfern und eben auch auf manche Dinge zu verzichten, das bleibt nicht aus.

Ich musste damals einen großen Umweg nehmen, um meinem Ziel näher zu kommen. Natürlich ist der direkte Weg einfacher und angenehmer. Hätte sich mir ein direkter Weg aufgetan, ich wäre ihn gegangen, ohne Frage. Damals war ich aber noch nicht so weit und konnte manche Dinge nicht in der Form greifen, wie ich es heute kann. Sehr geholfen hat mir in dieser Phase das Buch *Mindfuck* von Dr. Petra Bock, das sich mit dem Thema Persönlichkeitsentwicklung beschäftigt. Ein für mich inspirierendes Buch, durch das ich lernte, warum ich mir oftmals selbst im Weg stand. Das Buch fiel mir zufällig 2015 in die Hände, nur wenige Monate nach der Weltmeisterschaft, als ich versuchte, mich weiterzubilden und im Bereich der Moderation zu verbessern. Man könnte auch sagen, dieses Buch fand mich, als ich es gerade brauchte.

In vielem, was die Autorin beschreibt, erkannte ich mich selbst wieder. Denkmuster, Angewohnheiten von Menschen, wie sie sich gedanklich selbst sabotieren. Petra Bock nennt diese Denkmuster MINDFUCK und unterteilt sie in sieben verschiedene Kategorien, wie zum Beispiel Selbstverleugnungs-MIND-FUCK, Bewertungs-MINDFUCK, Misstrauens-MINDFUCK oder Übermotivations-MINDFUCK. Jeder MINDFUCK äußert sich anders und hat seinen individuellen Ursprung. Die Autorin schreibt dazu:

»Wir werden sehen, dass alle sieben Welten zusammen wiederum eine eigene Denkwelt bilden und uns eine klare Spur zu den Ursachen mentaler Selbstsabotage weisen. Wenn wir das verstehen, können wir etwas gegen MINDFUCK tun. Denn so stark, wie MIND-FUCK auf den ersten Blick wirken mag: In Wirklichkeit ist er wie ein morsches Gerüst in unserem Kopf, das nur wenige Anstöße braucht, um in sich selbst zusammenzufallen. Danach ist wieder angenehme Frischluft in unserem Geist. Und wir können neu ansetzen.«

Es war fast unheimlich, wie sehr ich mich in manchen Mustern wiedererkennen konnte. Besonders eine Ausprägung stach für mich heraus: der Druckmacher-MINDFUCK. Die Beschreibung war so akkurat für das, was ich schon unzählige Male gefühlt und gedacht hatte, dass ich das Gefühl hatte, jemand hielt mir einen Spiegel vor. Es hieß dort in einer Passage:

»Der Druckmacher-MINDFUCK gehört zur übelsten Sorte der mentalen Selbstsabotage. Er reicht in seiner

Intensität von gemein bis brutal und arbeitet wie ein Erpresser oder Sklaventreiber. Wenn unser Innerer Wächter dieses Register zieht, arbeitet er mit der Wenn-dann-Zange: Wenn du jetzt nicht funktionierst, bist du ein Versager. Wenn du das nicht packst, kannst du gleich nach Hause gehen. Wenn du das nicht hinbekommst, werden andere deinetwegen leiden müssen. Wenn du diese Chance nicht nutzt, kommt sie nie wieder. (...) Der Druckmacher-MINDFUCK ist aus meiner Sicht eine negative mentale Gewohnheit, die einen wesentlichen Anteil an einem weitverbreiteten Phänomen unserer Zeit, dem Burn-out-Syndrom, hat.«

Als ich das las, fühlte ich mich zurückversetzt in die Schulzeit, die Abi-Zeit, das Studium, endlos viele Casting-Situationen. Die Wenn-dann-Zange hatte mich damals fest im Griff. Ich dachte auch an die Zeiten meiner Depression. Hatte ich mich so stark selbst sabotiert, dass ich in eine Depression gerutscht war? Stand ich mir unbewusst so sehr im Weg? Eines kann ich definitiv sagen: Das Buch löste einiges in mir aus. Es stieß einen Prozess an, in dem ich mich selbst genau unter die Lupe nahm, und ich kann es jedem empfehlen, der an seiner Persönlichkeit und an seinen Denkmustern und Blockaden arbeiten möchte.

Heute bin ich dazu in der Lage, in Situationen, in denen ich gefordert bin, wie zum Beispiel in einem Casting, punktgenau das abzuliefern, was gefordert wird. Und wenn doch mal ein kleiner Fehler passiert, ist das kein Thema. Jeder ist fehlbar. Es klingt so simpel, aber allein das zu erkennen und zu akzeptieren war für mich ein großer, notwendiger und hilfreicher Schritt. Ich bin ein Mensch mit klaren Prinzipien. Ich liebe meine Routine und schon früher fiel es mir schwer, spontan zu sein. Wenn ein wichtiges Casting anstand, war ich während der Vorbereitungen richtig gut und zuversichtlich. Je näher das Casting rückte, desto größer wurde die Angst zu versagen. Dieses Phänomen kannte ich ja bereits von früher. Was, wenn ich versage? Was, wenn ich in der Prüfung plötzlich nichts mehr weiß? Was, wenn …? Ein Coach meinte mal zu mir: »In der Vorbereitung bist du perfekt, lieferst hundert Prozent. Im Casting baust du ab, weil du zu viel Angst hast.« Mir war das bewusst, es aber direkt gesagt zu bekommen, hatte einen nachhaltigen Effekt. Gut, dachte ich mir, dann packe ich die Sache jetzt an.

In dieser Situation kaufte ich mir das Buch *Mindfuck* und verstand mit jeder Seite mehr, warum ich nicht auf das vertraute, was ich konnte. *Mindfuck* war in der Tat ein Mindfuck für mich, aber ein positiver. Früher sah und hörte man mir die Nervosität an. Ich hatte eine angespannte, überdrehte Mimik und sprach mit hoher und zittriger Stimme. Meine Ängste gingen so weit, dass ich den Spaß an meiner Arbeit verlor. Weil ich mir nicht anders zu helfen wusste, überspielte ich meine Unsicherheit und wirkte aufgesetzt und künstlich. Auch versuchte ich zwanghaft, anderen zu gefallen. Und da lag der größte Fehler. Nach den Terminen hätte ich mir am liebsten ins Knie gebissen. Was war da nur los? Eigentlich konnte ich es doch!

Natürlich bin ich auch heute noch aufgeregt vor Castings, aber ich kann meine Aufregung in positive Energie umwandeln. Die Nervosität wandert in den Bauch. Ich habe gelernt, sie zu steuern und sie bewusst dorthin zu lenken, wo ich sie haben möchte. Nicht, dass ich sie komplett unterdrücke oder wegschiebe, das würde ohnehin nicht funktionieren, aber ich lasse sie dort verweilen, wo sie mir in der Spot-on-Situation nicht im Weg steht. Ob es sich nun um ein Casting handelt, eine Prüfung oder ein Vorstellungsgespräch – die Techniken und Werkzeuge zur mentalen Stärkung lassen sich auf jede Situation anwenden.

Was heißt es eigentlich, stark zu sein? Mentale Stärke bedeutet für mich zum Beispiel, Durchhaltevermögen an den Tag zu legen, zu sagen: Ich mache das jetzt! Ich habe es mir vorgenommen und ziehe es durch. Sei es im Sport, im Job oder auch im Privaten. Ich setze mir ein Ziel und gebe mein Bestes, um es zu erreichen. Selbstdisziplin macht stark. Stärke heißt für mich auch, mit Kritik umgehen zu können und sich dabei treu zu bleiben. Zu sagen: Ich stehe auch zu meinen Fehlern und weiß, ich bin nicht perfekt. Muss ich auch gar nicht sein. So wie ich bin, bin ich richtig. Wenn es im Leben nicht so gut läuft, tendieren wir dazu, das Negative, die Sorgen und Nöte unter den Teppich zu kehren, damit um Himmels willen das perfekte Bild nach außen nicht getrübt wird. Tatsache ist: Jeder von uns hat Probleme. Egal ob Mann oder Frau, jung oder alt, reich oder arm. Jeder trägt seinen individuellen Rucksack mit sich herum. Nur weil mein Leben nach außen hin möglicherweise glamourös und perfekt wirken mag, heißt das noch lange nicht, dass nicht auch ich Sorgen habe.

Schwächen sind Verhaltensweisen oder Charaktereigenschaften, die zur Bürde werden. Zu einer Last. Ich zum Beispiel kann nicht gut spontan sein. Ich muss immer alles planen können. Und ich wünschte mir manchmal, ich könnte über meinen Schatten springen und sagen: Okay, ist jetzt nicht schlimm, wenn es anders läuft, als du es vorhattest, wenn es mal nicht hundertprozentig ist. Das sind Dinge, die ich lernen muss. Meine fehlende Spontanität ist (m)eine Last, weil ich nur schwer loslassen kann, ich fühle mich in der Verantwortung und Pflicht, auch wenn es gar nicht nottut. Mir fällt es schwer, die Dinge lockerer zu nehmen oder sie einfach mal beiseitezuschieben.

Man könnte das Ganze aber auch umdrehen: Ist ein ausgeprägtes Verantwortungsbewusstsein nicht eine Stärke? Es kommt, wie immer, auf den Blickwinkel an. Richtig schwach fühlte ich mich vor gar nicht langer Zeit, als ich sehr krank war. Damals spürte ich: Die Energie war raus. Tagelang war ich schlapp, ausgelaugt, der Kreislauf im Keller und irgendwann konnte ich nicht mehr und fuhr ins Krankenhaus. Die Ärzte behielten mich gleich da. Diagnose: Grippevirus. Ein ganz übler, zäh und hartnäckig. Das war noch vor Corona-Zeiten. So krank hatte ich mich bis dahin noch nie gefühlt, körperlich wie mental. Nichts war mehr im Gleichgewicht. Ying und Yang, Körper und Seele, müssen im Einklang sein. Wenn der Körper schwach ist, überträgt sich der physische Zustand auf die Psyche. Das war einer jener Momente, in denen man merkt, wie schnell man hilflos wird und wie verletzlich man ist.

Die Genesung brauchte Zeit. Und dann, als es langsam wieder besser wurde, tat sich eine neue Tür auf. Einige Wochen zuvor hatte ich ein Casting für eine große TV-Show gemacht. Und während ich noch im Krankenhaus war, erhielt ich den Anruf: Es hatte geklappt! Meine erste eigene Moderation. Vier Wochen Dreharbeiten in Thailand standen bald an. Was für eine Herausforderung, was für eine Chance. Eine neue Tür öffnete sich für mich, und ich bin durchgegangen. Für mich wurde in dem Moment ein Traum wahr, den ich immer schon leben wollte.

Auch so eine Sache, die ich erst lernen musste: zugreifen, wenn sich eine Gelegenheit auftut, nicht zaudern, nicht hadern. Mutig und offen sein für seine Träume. Nicht warten, bis es zu spät ist. Jede von uns hat Träume. Viele trauen sich gar nicht erst zu träumen. Das war bei mir früher auch so. Beispielsweise war ich der Meinung, dass ich niemals eine Chance als Moderatorin bekäme. Jeder Lebenstraum hat seine Berechtigung, finde ich. Und sei er noch so verrückt, gewagt, riskant oder auch nur langweilig. Als ich meine Community fragte, was sie für Träume haben, bekam ich erstaunliche Antworten.

cathyhummels ✔ • Folgen   ...

cathyhummels ✔ Kleiner Reminder für euch heute : You are all One of a kind unicorns 🦄 ❤️ und somit genau richtig wie ihr seid. Wenn ihr gerade einen Wunsch frei hättet, welcher wäre das? #dreamcatcher

8 Wo.

♡ ○ ▽   ⊓

Gefällt 16.000 Mal

1. JULI 2018

»Ein gesundes Baby zu bekommen. Bin jetzt in der 6. Woche nach einer Fehlgeburt.«

»Immer wieder der gleiche Wunsch: Frieden und ein liebevoller Umgang miteinander.«

»Zeit zurückdrehen!«

»Dass die Menschen endlich freundlicher zueinander werden und vor allem rücksichtsvoller.«

»Ich wünschte, ich könnte meinen Traummann heiraten und eine Traumhochzeit haben.«

»Meine Familie in der Heimat zu sehen …«

»Dass diese verrückte Isolationszeit zu Ende geht. Ich glaub, das tut den Menschen nicht gut. Ihr lieben Menschen da draußen, tut euch doch heute mal ganz bewusst was Gutes.«

»Eine Welt ohne Staaten und ohne Gewaltmonopol.«

»Ich werde Schauspielerin. Ist schon mein Traum seit ich 6 Jahre alt bin.«

Echt sein, das steht über allem. In der Welt von Instagram & Co., in der wir heute leben, ist es kaum mehr üblich, man selbst und echt zu sein. Beinahe gehört es zum guten Ton, sich zu faken und pimpen. Das schönste Kompliment, das mir meine Follower machen, lautet: Du bist ja genauso wie im wahren Leben. Auch auf Instagram trage ich mein Herz auf der Zunge, sage die Dinge so, wie sie mir gerade einfallen, und das, was ich denke. Natürlich beleidige ich niemanden, aber ich mag nicht alles vorab tausendmal zerdenken. Früher habe ich mich schon mal verstellt, nach dem Motto »So komme ich besser an« – falsch gedacht, stattdessen wirkte ich aufgesetzt. Als ich im Januar 2020 an einem üblen Lippenherpes litt (das war kurz nach der Geschichte im Krankenhaus), habe ich den Herpes nicht verheimlicht oder kaschiert, sondern ihn auf Instagram gezeigt (übrigens mit einem Herz aus Lippenstift übermalt).

Aus meiner Community bekam ich Zuspruch für den Mut, den Herpes ganz unprätentiös zu zeigen, dazu ein paar fiese Kommentare der üblichen Verdächtigen, vor allem aber Tipps und Anregungen, wie ich den Störenfried bald wieder loswerden könnte. In der Presse hieß es auch: »Muss das sein? Muss die das jetzt auch noch mit allen teilen?« Nein, liebe Leute, musste ich nicht, wollte ich aber.

14
Influencer ist keine Krankheit – was mach ich da eigentlich?

cathyhummels ✓ • Folgen   ···

cathyhummels ✓ DANKE - es gibt nämlich was zu feiern!!! Ihr seid die tollste 🐝-Community ❤️ - ich freue mich so sehr, dass mir so viele von euch folgen und ich mit euch mein Leben teilen darf. Ich überlege mir für euch ein tolles Gewinnspiel, einfach weil IHR es verdient habt! Danke für 500.000 🐝 ❤️ #love #community #follower

54 Wo.

♡ ⃝ ◹   ⊓

Gefällt 19.282 Mal

17. JUNI 2019

Influencer ist keine Krankheit. Wie oft habe ich diesen Satz schon wiederholt, weil viele sich über diesen Berufsstand lustig machten. Ja, anfangs habe auch ich gelacht, aber irgendwann konnte ich die Witze nicht mehr hören. Es dauerte seine Zeit, bis sich das Image der Influencer verbesserte und die Allgemeinheit verstand, dass mehr dahintersteckt als Selbstdarstellung mit Werbeanteilen. Mittlerweile wissen die Menschen, wie wichtig die sozialen Medien sind und welchen Stellenwert sie in unserem Alltag einnehmen.

Ich begann mit Instagram eigentlich genau so, wie es jede andere Privatperson auch macht. Ich teilte Bilder, die ich schön fand, Momente, die ich erlebt und die mich inspiriert hatten, Dinge, auf die ich stolz war. So ging das Ganze bei mir los und entwickelte sich langsam und stetig weiter. Mein Account zeigte den Leuten, wer Cathy ist, was sie ausmacht, was sie erlebt hat, wo sie positive Erfahrungen gesammelt hat, was sie persönlich mag. Dazu kam, dass ich mich immer mehr in die Instagram-Welt hineinfuchste und natürlich auch besser darin wurde, qualitativ hochwertigen Content zu produzieren und zu teilen.

Meinen ersten Post veröffentlichte ich 2012. Damals machte ich mir noch keine großen Gedanken darüber. Kaum jemand kannte mich, und Instagram war für mich eine Plattform, auf der ich Freunden folgte, hier und da selbst mal einem Promi, und gelegentlich postete ich etwas. Das war nice to have – ein nettes Beisammensein mit Bildchen zum Anschauen, ohne Videos, ohne Storys. Das alles kam erst später. Mein erster Post zeigte unsere Hündin Coco. 2012 war das Jahr, in dem wir beschlossen, unseren Haushalt um ein Mitglied zu erweitern. Wir gingen zum Züchter, und es dauerte nicht lang, bis ich mich in ein paar treue Hundeaugen verliebt hatte. Diese kleine Labradordame gewann mein Herz im Sturm, wir nannten sie Coco (wie Coco Chanel) und fortan war sie Teil unseres Lebens. Nach Ludwigs Geburt 2019 zog Coco vorerst zu meiner Schwester. Wir wohnten damals in einer Wohnung ohne Garten. Kurz darauf schlugen bei Ludwig die Bronchien Alarm und er entwickelte Asthma. Aus eigener Erfahrung weiß ich, wie sehr man mit Haustieren aufpassen muss, also beschlossen wir, Coco ganz bei meiner Schwester zu lassen. Auch wenn ich sie sehr vermisse. Sie ist der gutmütigste und liebste Hund, den man sich vorstellen kann. Übrigens, das erste Motiv, das überhaupt auf Instagram gepostet wurde, war auch das eines Hundes, und zwar von Instagram-Mitbegründer

Kevin Systrom, am 16. Juli 2010, ein paar Monate, bevor die Plattform online ging. Am 6. Oktober 2010 erblickte Instagram das Licht der Welt und der Hunde-Post mit der Caption »test« war für jeden sichtbar. Allerdings ist unsere Coco um Längen niedlicher.

Warum habe ich angefangen, Instagram intensiver zu nutzen? Ich war schon immer jemand, der sich an den schönen Dingen des Lebens erfreute und diese auch teilen möchte. Egal ob Orte, Zitate, Kleidung, Erfahrungen oder eben mein geliebter Hund. Alles, was mich und mein Herz zum Lächeln bringt, darf geteilt werden. Generell spreche ich auf meinem Kanal nicht über Privates. Meine Beziehung zum Beispiel halte ich komplett aus meinen Social-Media-Aktivitäten heraus. Da trenne ich strikt die private Cathy von der Marke Cathy. Dadurch würde ich mich angreifbar machen, und solche Themen haben dort meiner Meinung nach auch nichts zu suchen. Ich rede über die Dinge, die mich betreffen und für die ich die volle Verantwortung übernehmen kann, ohne dass Dritte tangiert werden.

Ich brachte mir damals alles selbst bei – learning by doing. Und es funktionierte erstaunlich gut. Nach und nach fuchste ich mich in die Insta-Welt rein. Wie poste ich ein Foto? Was ist die beste Zeit, Content online zu stellen? Wie schneide ich ein Video selbst? Am Anfang geht man in Vorleistung, mit Kreativität und Durchhaltevermögen. Solange man keine oder nur wenige Follower und entsprechende Reichweite hat, fließt auch kein Geld. Es dauert eine Weile, sich eine Community aufzubauen.

Irgendwann kam dann die Zeit, in der dieses Modell für Unternehmen interessant wurde. Einige Leute hatten sich mit ihren Accounts bereits eine große Reichweite aufgebaut, und sobald sie etwas teilten, zeigten oder empfohlen, erreichte ein

Post Zehntausende von Followern. Erfolgreiche Instragramer genossen bald schon einen gewissen Einfluss und an genau der Stelle setzten die Unternehmen an, gingen Kooperationen ein und begannen, Instagram gezielt als Werbeplattform zu nutzen. So entstand der Begriff des Influencers. Dieses Modell der Werbung kam nicht erst mit Instagram auf. Bereits vorher hatten sich Unternehmen an Personen gewandt, die eine große Reichweite im Internet hatten, und waren Kooperationen für Produktwerbung eingegangen. Die Rede ist von Bloggern, die sich je nach Thematik und Erfolg eine Community aufbauten und irgendwann für Unternehmen interessant wurden. Sie fingen an, den Bloggern kostenfrei Produkte zu schicken mit der Bitte, das Produkt im nächsten Blog-Eintrag zu erwähnen. Eine Zeit lang funktionierte dieses Prinzip sehr gut, bis schließlich die Blogger ihren Wert für die Unternehmen erkannten. Ihre hohe Reichweite verlieh ihnen einen nicht unerheblichen Einfluss auf die eigene Community und somit folglich auch auf deren Kaufverhalten, wovon wiederum die Unternehmen profitierten. Warum sollten die Blogger also nicht auch selbst profitieren? Es entstanden vertraglich festgelegte Kooperationen zwischen Bloggern und Unternehmen und der Begriff des Influencers wurde zum festen Bestandteil der Werbebranche. Die Qualität der Blogs steigerte sich dabei konstant. Das Design wurde raffinierter, die Produktion und Bearbeitung der Bilder wurde immer weiter perfektioniert. Bald standen die Blogs einem Magazin in kaum etwas nach.

Die Gründung von Instagram im Jahr 2010 bewirkte eine Verlagerung des existenten Werbemodells. Mehr Bild, weniger Text, lautete das neue Motto. Die Blogger nutzten das neue soziale Netzwerk zur Werbung für den eigenen Blog. Schon bald merkten sie, dass die eigentlich viel lukrativere Plattform mittlerweile Instagram war. Viele Unternehmen sahen das ähnlich. Somit wurde Instagram zum neuen Hotspot für Influencer. Ein Modell, das sich bis heute hält.

Der weltweit erfolgreichste Influencer ist, Stand Juni 2020, Cristiano Ronaldo mit ungeschlagenen 215 Millionen Followern, gefolgt von Ariana Grande mit 183 Millionen und Dwayne Johnson, auch bekannt als »The Rock«, mit 181 Millionen Followern. Die erfolgreichsten Influencer Deutschlands müssen sich mit etwas kleineren Zahlen zufriedengeben. An der Spitze steht derzeit Toni Kroos mit 24 Millionen Followern, Platz zwei belegt Mesut Özil mit 22 Millionen und dann kommen die Zwillinge Lisa und Lena mit über 15 Millionen Followern. Die beiden wurden Anfang 2016 mit ihren Lipsyncvideos auf der Plattform TikTok berühmt, da waren sie gerade mal dreizehn Jahre alt. Sie teilten die Videos später auch auf Instagram und gehören seitdem zu den erfolgreichsten Influencern Deutschlands. Unglaublich, wenn man sich überlegt, wie jung die beiden angefangen haben.

Insgesamt ist es ein Wahnsinn, welches Ausmaß Instagram mittlerweile angenommen hat und für wie viele Menschen es fester Bestandteil des Alltags und des Lebens geworden ist. Heute verbucht die Plattform rund eine Milliarde aktiver Nutzer pro Monat. Und der am häufigsten gelikte Post? Ein Ei. Kylie Jenner führte bis dahin mit 18,6 Millionen Likes für ein Foto, auf dem zu sehen ist, wie ihr schlafendes Baby ihren Daumen festhält. Jemand hatte es sich zur Aufgabe gemacht, Kyle Jenner zu verdrängen, und rief mit dem Foto eines Hühnereis und folgendem Post auf:

Das Ei kann mittlerweile knapp 54,5 Millionen Likes verbuchen und belegt mit einem deutlichen Vorsprung Platz eins der Rangliste.

Dass sich Unternehmen irgendwann auch an mich wandten, lag zum einen an meinen steigenden Followerzahlen und meiner dadurch bedingten Reichweite, zum anderen an meiner Person. Die Öffentlichkeit kannte mich und genau das verlieh mir den doppelten Marktwert. Deshalb dauerte es auch nicht lange, bis meine ersten Kooperationen mit Unternehmen an den Start gingen. Das Platzieren von Produkten ist für einen Influencer vor allem dann attraktiv, wenn die Produkte thematisch seinem Image entsprechen. Für mich sind zum Beispiel Unternehmen sehr interessant, die für gesunde Ernährung oder Sport und Fitness stehen. Manchmal bekomme ich natürlich auch Anfragen, die mir überhaupt nicht zusagen. Entweder das Produkt passt nicht zu mir oder ich mag die Marke einfach nicht. Grundsätzlich lege ich Wert darauf, ausschließlich für Dinge zu werben, hinter denen ich zu hundert Prozent stehe. Fake Lashes, Extensions, ungesunde Softdrinks – all das sind Produkte, mit denen ich mich nicht identifizieren kann.

Dafür stehe ich nicht, und dafür würde ich auch keine Werbung machen. Solche Anfragen lehne ich von vornherein freundlich ab. Unnötig zu erwähnen, dass ich niemals für Alkohol oder Zigaretten werben würde. Wenn aber zum Beispiel eine Anfrage für ein Produkt wie Gewürze kommt, die ich persönlich gut finde, trete ich mit dem Unternehmen in Verhandlung und im Fall einer Kooperation überlege ich mir meistens auch ein Konzept für das jeweilige Produkt. Wie präsentiere ich es am besten? Kann ich eine Aktion damit verbinden, von der meine Follower profitieren? Beispielsweise mache ich gerne Verlosungen. Der Verbraucher soll schließlich auch etwas davon haben. Ich produziere dann ein Posting, platziere die Produkte auf Bildern, in Storys oder in Instagram-Videos. Meine Community schaut sich die Werbung an und bekommt gleichzeitig die Chance, eines der Produkte zu gewinnen. Welche Auswirkungen meine Werbung auf die Verkaufszahlen der Unternehmen hat, kann ich nicht sagen. Ich sehe die Swipe-ups und wie oft die Links geklickt werden, kann aber nicht prüfen, wie oft beispielsweise ein Gutscheincode angewendet wurde.

Meine Community wächst langsam, aber konstant. Natürlich gibt es die Super-Blogger, die schlagartig und extrem schnell an Reichweite gewinnen, aber um dahin zu kommen, braucht man auch die klassischen Medien, allen voran das Fernsehen. Als ich schwanger war, konnte ich sehr viele neue Follower hinzugewinnen. Mein Kanal deckte ein ganz neues Interessengebiet ab und war plötzlich interessant für werdende Mütter, für junge Mütter, Väter und Familien, das machte sich bemerkbar. Früher hätte ich mir nie träumen lassen, dass Instagram mal zu einem Geschäftsmodell für mich werden würde. Damals war die Plattform noch neu und stand in den Startlöchern. Mittlerweile hat sich die Online-Welt zu einem riesigen Kosmos entwickelt, der die ganze Welt verbindet, enger zusammenbringt und aus unserem Alltag gar nicht mehr wegzudenken ist.

Mir ist bewusst, dass ich durch meine Position eine besondere Verantwortung habe. Ich muss und möchte ein Vorbild sein für meine Follower und denke, dass ich dieser Aufgabe meistens gerecht werde. Das mache ich mehr oder weniger unbewusst, ich bin eigentlich einfach ich selbst. Vor allem von Frauen aus meiner Community höre ich, dass sie mich als Vorbild sehen, und ich freue mich, wenn ich anderen Orientierung geben kann. Natürlich decke ich einen bestimmten Lebensbereich ab, die Auswahl persönlicher Vorbilder ist immer subjektiv und individuell. Die Frage lautet, was jeder Einzelne möchte und braucht. Wie bekomme ich Unterstützung dabei, die eigene innere Stärke zu finden? Mit diesem Anliegen ist man bei mir richtig. Will ich wissen, wie man am besten auf der Couch herumlümmelt, dann bin ich definitiv nicht die richtige Kandidatin. Das kann ich nämlich überhaupt nicht gut.

Zu sechzig Prozent folgen mir heute Frauen zwischen fünfundzwanzig und fünfundvierzig. Frauen, die in die Berufswelt einsteigen, die im Beruf stehen, junge Mütter – Powerfrauen, die sich mit mir identifizieren können. Ein paar sehr junge Fans sind auch darunter, wobei es sich bei ihnen oft auch um Fans von Mats handelt. Die jungen Follower, die Teens, sind natürlich immer super, weil sie sehr viel intensiver und aktiver unterwegs sind, sie liken und kommentieren intensiv. Je älter man wird, desto schwerer und langwieriger ist es, eine große Community aufzubauen. Man hat einfach eine andere Zielgruppe. Aber über die Jahre konnte ich mir eine sehr starke und treue Community aufbauen und würde sie auch um nichts in der Welt eintauschen.

Die meisten meiner Follower pflegen einen respektvollen Umgang untereinander und auch mit mir. Das bekomme ich beispielsweise mit, wenn sie mir per Nachricht mitteilen, sie hätten mich auf der Straße erkannt, seien aber zu schüchtern gewesen, um mich anzusprechen. Dann schreibe ich zurück: »Bitte trau dich das nächste Mal, ich freue mich darüber.« Und das stimmt, ich freue mich wirklich. Egal wie ich aussehe, mit Makeup oder ohne, gestylt auf High Heels oder im Kuschelpulli – ich mache gerne Selfies, wenn mich jemand darum bittet.

Es klingt vielleicht seltsam, aber wir haben schon die eine oder andere schwere Phase gemeinsam durchgestanden. Ich teile, wie es mir geht, und bekomme Feedback, was meine Follower umtreibt. Es ist ein außergewöhnlicher Kontakt, ja, aber ein tagtäglicher. So etwas verbindet. Ich verbringe viel Zeit am Tag mit meinem Instagram-Kanal, vier Stunden mindestens. Das ist Arbeit. Mein Job. Ich gebe mir Mühe, Kommentare zu beantworten, beschäftige mich mit neuen Insights und schaue, was gut angenommen wird und was nicht. Bilder und Videos müssen ständig produziert werden. Ich muss sie bearbeiten, schneiden, hochladen – das kostet Zeit. Meine Follower mögen es nicht, wenn halbherzig produzierter Content gepostet wird. Da achte ich sehr drauf. Ich möchte Sachen teilen und weitergeben, die den Leuten wirklich etwas bringen, möchte informative und gute Videos gestalten.

Mein Tag beginnt folgendermaßen: Wenn ich morgens vom Klingeln des Weckers wach werde und ich weiß, Ludwig schläft noch, dann geht mein erster Griff zum Handy; ich schalte den Flugmodus aus – der ist nachts immer an, da brauche ich meine Ruhe – und checke die News. Hand aufs Herz, bei den meisten sieht die morgendliche Routine genauso aus, aber die wenigsten geben es zu. Ich schaue also nach, was über Nacht passiert ist, lese WhatsApp-Nachrichten von Freunden und Familie, und öffne dann noch Instagram. Im Lauf des Tages nehme ich mir bewusst Zeit für die Nachrichten in den Newsportalen von *Spiegel Online*, *Bild* oder *FAZ*.

Los geht's morgens für gewöhnlich um sechs Uhr dreißig. Nach dem Aufstehen mache ich Ludwig fertig, bringe ihn in die Kita, mache danach mein Workout und dann wird gearbeitet, bis ich Ludwig wieder abhole. Meistens erledigen wir gemeinsam die Einkäufe und überlegen, was wir abends kochen. Ludwig isst übrigens am liebsten Avocado, Nüsse, Wassermelone oder Bio-Gelbwurst. Bei schönem Wetter gehen wir noch eine Runde auf den Spielplatz. Wieder zu Hause angekommen checke ich noch ein paar Mails, während Ludwig spielt. Abends essen wir, ich mache ihn bettfertig. Zwischendurch poste ich etwas oder checke mal Instagram, aber ich versuche, das meiste davon in die Abendstunden zu legen, wenn Ludwig schläft und ich mich in Ruhe auf die Arbeit konzentrieren kann. So werde ich meinem Kind gerecht – und meinen Followern auch. Jeder Tag bekommt seine Struktur, so gut es eben geht. Nicht immer läuft alles nach Plan, aber ich bin, wie gesagt, eine große Verfechterin routinierter Abläufe. Das entspricht meinem Sicherheitsdenken im Alltag. Ich esse immer um die gleiche Uhrzeit, mein Sohn und ich haben unsere festen Programmpunkte während des Tages und ich halte mich auch an meine Sportroutine.

Als Influencer ist man, wie der Name schon sagt, in der Position des Beeinflussenden beziehungsweise desjenigen, der Einfluss hat. Durch das, was man sagt, zeigt oder tut, gibt man seinen Followern Anregungen, Ideen und Empfehlungen. Je größer die Community, desto höher ist der eigene Marktwert. Mittlerweile ist es als Beruf anerkannt, Influencer zu sein, und ab einer Followerzahl von etwa zehntausend lässt sich damit Geld verdienen.

Ich selbst bezeichne mich nicht als reine Influencerin, in erster Linie bin ich Moderatorin. Mir ist wichtig, meine eigene Marke aufzubauen, und Social Media spielt dabei eine zentrale

Rolle. Die Marke Cathy Hummels steht für Attribute wie Glaubwürdigkeit, Authentizität, gesunden Lifestyle, Muttersein, Familie. Alles, was ich gut finde, trage ich nach draußen und versuche, persönliche und vor allem gute Erfahrungen zu teilen, um damit anderen im besten Fall eine Hilfestellung zu bieten. Ich selbst hätte mir in vielen Momenten meines Lebens gewünscht, mehr Orientierung zu haben, ob nun in Bezug auf das Dasein als Mutter oder an anderer Stelle. Basierend auf meinen eigenen Erfahrungen versuche ich nun, diese Orientierung für meine Follower zu bieten – mit positiven Impulsen und einer Portion Ehrlichkeit. Ich möchte meinen Followern die positive Lebenseinstellung vermitteln, die ich mir selbst aufgrund meiner Vergangenheit angeeignet habe. Den Mut und die Kraft, wieder aufzustehen, wenn man hingefallen ist. Umgekehrt geben sie mir das Gefühl, dass es genau richtig ist, wie ich bin. Sie mögen meine Direktheit ihnen gegenüber. Ich verstelle mich nicht.

Viele meiner Follower schreiben mir, sie hätten früher ein bestimmtes (negatives) Bild durch die Medien von mir gehabt, das durch meine Instagram-Aktivitäten revidiert wurde. Das sind für mich die schönsten Komplimente. Oft fragt mich meine Community, wie ich es schaffe, trotz negativer Kommentare im Netz so positiv zu bleiben, und wie ich mit der Kritik fertig werde. Viele sprechen ihren Respekt aus, bewundern meine Ausdauer nach den Shitstorms und sagen, dass sie sich an meiner Stelle schon längst aus dem öffentlichen Leben zurückgezogen hätten.

Es kommen natürlich auch viele Fragen hinsichtlich meines Sportprogramms, meiner Ernährungsweise oder Erziehungstipps. Was gebe ich Ludwig zu essen? Welche Kleidung empfehle ich für Kinder? Wie beschäftige ich mein Kind? Die meisten Anfragen betreffen Dinge, für die ich stehe und die ich deshalb auch gerne und so gut es geht beantworte. Generell versuche ich so interaktiv wie möglich zu sein. Natürlich kann ich in meinen Antworten nicht zu sehr in die Tiefe gehen, davon nehme ich bei mir fremden Menschen auch bewusst Abstand. Das gebietet der Respekt, ich kenne meine Follower ja nicht persönlich. Wenn mir aber jemand schreibt, dass er gerade traurig oder verzweifelt ist, versuche ich, sie oder ihn in dem mir möglichen Rahmen zu ermutigen. Neulich schrieb mich eine junge Frau an, die unter immer wiederkehrenden Essattacken leidet. Sobald sie traurig sei, müsse sie essen. Ich riet ihr, sich bewusst dann zu belohnen, wenn sie es schafft, der Situation standzuhalten und einer solchen Attacke nicht nachzugeben. Sie war froh über den Rat und bedankte sich später noch mehrmals. Natürlich würde ich auf professionelle Hilfe verweisen, wenn mir jemand ein ernstes (psychisches) Problem schildert. Kleine Schreibwechsel wie der mit der jungen Frau bestärken mich jedoch darin, meiner Community jeden Tag aufs Neue mit Kreativität und positiven Vibes zu begegnen.

Es gibt auch immer wieder Nachfragen bezüglich meines Mannes, wobei ich sagen muss, dass es sich deutlich gebessert hat, weil ich sie konsequent ignoriere. Es mag auch damit zu tun haben, dass ich mich mittlerweile als eigene, unabhängige Person in der Öffentlichkeit etabliert habe und nicht mehr im Schatten meines Mannes stehe, wie es vielleicht früher der Fall war. Ich mache mir darüber allerdings wirklich keine Gedanken. Mats ist ein großer Teil meines Lebens, und wenn mich die Medien als Spielerfrau oder Ehefrau von Mats Hummels bezeichnen, ja klar, warum sollte ich etwas dagegen einzuwenden haben? Sie haben ja recht. Ich bin die Frau von Mats – aber auch eben vieles mehr. Mir ist nur wichtig, dass man mich nicht ausschließlich als Spielerfrau sieht, sondern dass auch meine Arbeit wertgeschätzt wird. Und genau da liegt der Punkt: Die

Frau von Mats bin ich einfach, das ist keine Leistung im eigentlichen Sinne. Meine Jobs hingegen, die Moderationen, die Instagram-Community, das habe ich mir erarbeitet. Ich bin stolz, heute als Moderatorin und Influencerin erfolgreich zu sein.

Dabei weiß ich, dass ich schon immer polarisiert habe. Es gibt die Hater, die regelmäßig ihre Meinung kundtun, genauso gibt es viele liebe Follower, die zu mir halten. Aber selbst wenn die positive Resonanz überwog, die Medien stürzten sich am liebsten auf die negativen Kommentare, traten sie breit und sprachen von erneuten Shitstorms. De facto war es weit weniger schlimm, als oftmals dargestellt. Manchmal treffe ich Aussagen oder äußere Meinungen, die manche nicht nachvollziehen können. In solchen Fällen versuche ich, offen zu kommunizieren, dass es meine persönliche Sicht der Dinge ist und jeder für sich selbst beurteilen sollte, wie er die Situation sieht und damit umgehen möchte. Wenn ich mich zum Beispiel politisch äußere, würde ich niemals die eine oder andere Position als richtig oder falsch bezeichnen. Ich teile nicht oft meine politischen Gedanken, aber wenn ich es tue, ist die Resonanz weitestgehend positiv.

Ich bin zum Beispiel eine große Verfechterin von Angela Merkel. Für mich ist sie eine starke Politikerin und eine bemerkenswerte Frau, die sich enorm für unser Land einsetzt, und ich habe Hochachtung vor dem Standing, das sie sich in der ganzen Welt über die Jahre erarbeitet hat. Ich hatte einmal die Gelegenheit, sie persönlich zu treffen. Im Jahr 2017 war ich zu der Eröffnung des begehbaren CDU-Parteiprogramms im #fedidwgugl-Haus in Berlin eingeladen. Gemeinsam mit Arne Friedrich, Sophia Thomalla und Heino bekam ich eine Hausführung von der Kanzlerin höchstpersönlich und konnte ein wenig unter vier Augen mit ihr plaudern. Die Frau ist wirklich cool, ich kann es nicht anders sagen. Amüsant im Gespräch, gleichzeitig warmherzig und liebenswert. Ich schätze es sehr, wenn Menschen trotz ihrer Bekanntheit und Machtposition auf dem Boden geblieben sind und ihre nahbare Seite nicht ablegen. Das Lustige war, dass sich unsere Outfits ähnelten. Das Grün meines Rockes entsprach genau dem Farbton ihres Blazers. Als wir das feststellten, mussten wir lachen, und sie verriet mir, dass sie das Grün aufgrund seiner Bedeutung gewählt hatte: die Farbe der Hoffnung. Seit diesem Tag kann ich behaupten, mindestens schon einmal den gleichen Gedanken wie Angela Merkel gedacht zu haben. Meiner Rock-Auswahl an dem Tag lag nämlich der gleiche Gedanke zugrunde!

Meine erste Begegnung mit Angela Merkel – und farblich gleich passend abgestimmt

Angela Merkel hat sich über die Jahre einen eigenen Stil angeeignet, der sie unverkennbar macht, egal wo sie auftritt.

Die Jacketts mit Hose sind ihr Markenzeichen mit einem hohen Wiedererkennungswert, und ich persönlich finde es toll, wenn man so etwas für sich selbst findet. Insgesamt bewundere ich, was sie in all den Jahren geleistet hat, und denke, es ist mehr als verdient, dass sie sich nach so einer langen Zeit zurückziehen möchte. Für ihre Nachfolge habe ich meinen Favoriten schon ins Auge gefasst: Markus Söder. Auch ihn traf ich einmal. Gemeinsam mit Judith Gerlach und Dorothee Bär, in Bayern beziehungsweise auf Bundesebene zuständig für die digitale Infrastruktur, veranstaltete er einen Digital Lunch im Prinz-Carl-Palais in München, zu dem er Influencer und Unternehmer aus Bayern einlud. Söder zeigte sich sehr aufgeschlossen und interessiert daran, wie das Influencer-Dasein funktioniert. Das hat mir gefallen. Außerdem ist er ein waschechter Bayer, dadurch hatten wir sofort eine gemeinsame Basis. Ich bin jetzt schon gespannt, welche Reaktionen ich mit meinen Aussagen zu Merkel und Söder heraufbeschwöre.

Was für Ziele habe ich mir als Influencerin gesetzt? Na ja, ich will nicht lügen: Natürlich hätte ich gerne eine Million Follower, das wäre wunderbar, aber das ist kein Ziel, welches ich konkret verfolge. Mir ist vor allem wichtig, dass meine Community mir treu bleibt und dass wir weiterhin so zusammengeschweißt sind wie bisher. Was bringen mir eine Million Follower, wenn dreihunderttausend davon desinteressiert sind? Für mich hat es viel mehr Wert, eine interaktive Basis mit den Leuten zu pflegen. Ich habe lieber wenige, qualitativ hochwertige Follower als viele, die sich gar nicht für das interessieren und begeistern, was ich mache.

Neulich bekam ich die Nachricht einer Followerin bezüglich meines Yoga-Programms. Die Dame war sechzig Jahre alt. Wer hätte gedacht, dass ich Frauen in dem Alter erreichen kann? Ihre Nachricht wurde prompt zum Tageshighlight gekürt.

Sicherlich kommentiert die Followerin nicht jeden Post und schreibt ständig Kommentare, dennoch bin ich anscheinend ein kleiner Teil ihres Alltags geworden und das macht sie für mich besonders wertvoll.

15
Eine für alle

 cathyhummels ✓ • Folgen   •••

 cathyhummels ✓
Mein Account ist genau
wie eine Frauenzeitschrift mit all
ihren Facetten. Die neue Welt ist
digital und ich wünsche mir, dass
"Influencer" zu sein ernst genommen
wird UND nicht weiterhin als
Grippevirus bezeichnet wird. In
diesem Sinne: Danke an das
Landgericht München, dass ihr euch
so ausführlich mit meinem Fall
beschäftigt habt. Die digitale Welt ist
die ZUKUNFT!!!

Gefällt 27.572 Mal

29. APRIL 2019

Alles begann mit einem Elefanten aus Plüsch. Der Verband
Sozialer Wettbewerb e. V. wurde auf mich aufmerksam, als ich
ein Bild postete, auf dem Ludwigs Gesicht von diesem Elefanten der Marke Steiff verdeckt war.

Der VSW ist in Berlin ansässig und hat den Anspruch, den
Wettbewerb in Deutschland zu schützen. Mein Anwalt hatte
schon lange vor meinem Fall beruflich mit dem Verband zu
tun. In der Vergangenheit vertrat er beispielsweise Möbelhäu-
ser, die für ihre Produkte warben und wo es dann darum ging,
ob die Hinweise, dass es der potentielle Kunde mit Werbung
zu tun hat, groß genug dargestellt waren oder nicht. Früher war

das Wettbewerbsrecht in Deutschland noch strenger, in den vergangenen Jahren wurde es durch die EU-Harmonisierung deutlich gelockert. Gleichzeitig gewannen die sozialen Netzwerke immer mehr an Zulauf, und mit den Influencern entstand ein Berufsfeld, das wettbewerbsrechtlich Neuland war. Im Prinzip war das, was die Influencer auf ihren Kanälen produzierten, doch Werbung, fanden die Hüter des Wettbewerbs, und Werbung müsse als solche gekennzeichnet werden. Gerade am Anfang war die Handhabung im Internet und somit für die Influencer noch eher locker. Das Internet war ein mehr oder weniger rechtsfreier Raum, zumindest eine Grauzone, ganz im Gegensatz zu heute.

Wenn ich für Produktplatzierungen von einem Unternehmen Geld bekomme, kennzeichne ich den Post natürlich entsprechend als Werbung. Ich kommuniziere klar, dass ich auf meinem Kanal Werbung betreibe, wobei man bei fünfhunderttausend Followern auch davon ausgehen kann, dass diese nicht alle meine persönlichen Freunde sind. Ich finde es wichtig, Werbung kenntlich zu machen, aber wenn ich Produkte empfehle, weil ich sie einfach gut finde und meine Erfahrung mit anderen teilen möchte, wofür ich *kein* Geld bekomme, dann muss das möglich sein.

Eines Tages bekam ich ein Schreiben des VSW. Keine Fanpost, wie man schon ahnen kann, sondern eine Abmahnung mit dem Vorwurf, ich hätte Schleichwerbung betrieben. Mit dem Elefanten, den ich aufs Foto gesetzt hatte, um das Gesicht meines Sohnes unkenntlich zu machen. Ich konnte überhaupt nicht nachvollziehen, was das sollte, war mir sicher, nichts falsch gemacht zu haben. Weder war ich für den Post bezahlt worden noch hatte mir der Hersteller das Plüschtier gesponsert. Es war ein Geburtsgeschenk meiner Tante an meinen Sohn gewesen, und sie hatte sogar noch den Kaufbeleg. Nun sieht man bei Plüschtieren von Steiff natürlich den berühmten Knopf im Ohr, und an der Stelle hakte der VSW ein. Man würde die Marke erkennen, und sobald eine Marke sichtbar sei, handele es sich um Werbung, die man als solche kennzeichnen müsse. Was sollte ich tun? Brauchte ich einen Anwalt in diesem Fall? Oder war das nur eine Kleinigkeit, die ich auch so regeln konnte? Ich ging auf Nummer sicher und kontaktierte Christian-Oliver Moser, einen in Berlin ansässigen Medienanwalt. Und das war genau die richtige Entscheidung.

cathyhummels ✓ • Folgen

cathyhummels ✓ Gleich bin ich daheim und dann wird der Sonntag in vollen Zügen genossen. So gut es geht ... 😅 Morgen steht für mich und UNS ein wichtiger Termin an. Ich kämpfe gegen den Verband soz. Wettbewerb zusammen mit meinem Anwalt Oliver Moser. Zugegeben ein bisschen aufgeregt bin ich, weil ich Angst habe, dass ich es nicht schaffe klar zu machen wie wirr, unfair, unsinnig, zeitintensiv und ausbeutend dieser Abmahnwahnsinn ist. Ich appelliere daher an euch, bitte drückt mir die Daumen so fest es geht. Ich kämpfe für UNS, für UNSERE freie Meinung und vor allem für Authentizität. ❤️

72 Wo.

Gefällt 11.682 Mal

10. FEBRUAR 2019

Auf die Abmahnung folgte eine einstweilige Verfügung, gegen die wir zunächst Widerspruch einlegten. Später akzeptierten wir sie aber doch und verschafften uns so die Möglichkeit, die Sache in Ruhe im Hauptsacheverfahren zu klären, gegebenenfalls über drei Instanzen bis zum BGH. Strafen fallen in der

Regel nur im Wiederholungsfalle an. Jedoch darf man die Höhe von Abmahnkosten nicht unterschätzen. Eine einstweilige Verfügung kann sich in einem Bereich von tausend bis zweitausend Euro bewegen. Durch einen einzigen Post können also sehr hohe Kosten entstehen. Es wurden dann noch weitere Posts beanstandet, und jedes Mal musste ich meinen Anwalt die Sache prüfen lassen, weil er natürlich ein anderes Verständnis von der Materie hat als ich und viel besser beurteilen kann, wie man am besten vorgehen sollte.

Dann kam es zum Gerichtsverfahren. Es fühlte sich schon seltsam an, auf der Anklagebank zu sitzen und sich rechtfertigen zu müssen. Als hätte ich ein schweres Verbrechen begangen. Die ganze Sache sorgte natürlich für Schlagzeilen in der Presse, zahlreiche Medien berichteten, zu Beginn wie auch am Ende des Verfahrens:

»Das Schicksal des Stoffelefanten bleibt ungeklärt. Cathy Hummels' Weg in den Sitzungssaal 601 des Münchner Landgerichts war am Montagvormittag ein beschwerlicher. Das lag aber weder an den hohen Absätzen der Einunddreißigjährigen noch an ihrer Sorge vor der anstehenden Verhandlung – sondern vielmehr an den zahlreichen Kamerateams, die in der Eingangshalle bereits auf die Influencerin warteten.«
Frankfurter Allgemeine Zeitung, 11. Februar 2019

»Für die einen ist es Schleichwerbung, für Cathy Hummels eine Serviceleistung.«
Süddeutsche Zeitung, 8. Juli 2019

»Cathy Hummels kämpft um ihre Instagram-Posts.«
Bild, 9. Juli 2019

»Service oder Werbung? Instagram-Star Cathy Hummels kämpft gegen ›Abmahnwahnsinn‹. Der Prozess sorgt auch jenseits der Szene für Aufsehen, berührt er doch die Frage, was Werbung ist – und was eine redaktionelle Leistung.«
Handelsblatt, 11. Februar 2019

Einen so riesigen Auflauf von Fotografen und Journalisten wie beim Prozessauftakt hatte ich selten gesehen. Beim Urteilsspruch selbst war dann nur mein Anwalt anwesend. Wir gewannen das Verfahren in der ersten Instanz beim Landgericht München. Die Gegenseite legte erwartungsgemäß Berufung ein. Im Juni 2020 bekamen wir auch in zweiter Instanz recht. Das OLG München wies die Berufung des »Verbandes Sozialer Wettbewerb« zurück, ließ die Revision zum BGH aber zu. Wir sind also in der Situation, dass der Prozess – auch wenn wir auf einem guten Weg sind – noch nicht final entschieden ist.

Dass wir in der ersten Instanz gewonnen haben, beruht auf der Auffassung der Richterin, die unserer Argumentationslinie folgte. Andere Gerichte haben aber in ähnlichen Fällen auch schon anders entschieden. Es gibt momentan Bestrebungen in der Politik, die uns helfen könnten. Das Bundesjustizministerium beispielsweise möchte eine Gesetzesänderung beziehungsweise eine Gesetzesklarstellung im Sinne von uns Influencern einführen. In der Sache befindet man sich gerade im Anhörungsverfahren, ob es also zu dieser Klarstellung kommt, ist unklar.

Es wurden zuletzt verschiedene Posts von mir rechtlich verhandelt, wobei eine Sache besonders spannend ist, weil sie eine generelle Fragestellung aufwirft. Es geht dabei um das »Taggen« in Posts, die Verlinkung von Marken. Auf meinen Bildern präsentiere ich mich in meiner eigenen Kleidung, also in Outfits, die ich mir selbst gekauft habe. Da ich sehr viele weibliche Follower habe und diese oft nach den Marken der Kleidungsstücke fragen, versehe ich meine Outfits mit entsprechenden Tags. Das ist die bequemste Art und Weise, denn jeder kann sofort sehen, was ich wo gekauft habe. Dieses Taggen wurde jedoch aufgegriffen und als Werbung betrachtet. Die Geister scheiden sich hier: Einige Gerichte sagen, der Vorgang sei eindeutig werblich. Man dürfte zwar die Marke erwähnen, aber ein Tag wäre nur in Verbindung mit einer entsprechenden Kennzeichnung für Werbung zulässig, egal ob man dafür nun Geld bekommen hat oder nicht. Andere Gerichte sehen die Sache differenzierter. Das ist momentan der rechtlich kritischste Fall.

Ein positiver Nebeneffekt der juristischen Auseinandersetzung ist die große Resonanz, die ich aus der Influencer-Szene erhalte. Ich kämpfe ja nicht nur für mich, sondern stellvertretend für alle Influencer. Gerade denjenigen, die vielleicht nicht die Möglichkeit haben, einen solchen Prozess zu führen, kann mit einem positiv ausfallenden Urteil geholfen werden. Pamela Reif und ich tauschen uns beispielsweise regelmäßig aus, nicht zuletzt, weil sie in ähnlicher Sache vor Gericht stand. Allerdings verlor sie ihren Prozess. Ebenso wie Ann-Kathrin Götze, die Ehefrau von Mario Götze, in erster Instanz. Mein Fall ist der bislang einzige, in dem erst- und zweitinstanzlich ein Urteil zugunsten der Influencer fiel. Die Richterin am LG München, die uns recht gegeben hat, sagte während des Prozesses einen Satz, der folglich durch die Medien ging: »Bis vor Kurzem dachte ich, Influencer sei eine Krankheit.«

Generell betrachte ich andere Influencer nicht als Konkurrenz, im Gegenteil, wir sind Kollegen, jeder arbeitet in seinem Bereich, in seiner Community. Von anderen Influencern bekomme ich per Mail und auch persönlich Zuspruch und Bestärkung. Das motiviert mich, mit voller Kraft weiterzumachen. Auf jeden Fall hätte ein Urteil, welches zu meinen und somit zu unseren Gunsten ausfällt, Signalwirkung für die gesamte Social-Media-Branche. Mein Anwalt ist bestrebt, eine Analogie zu den klassischen Printmedien herzustellen, was ich richtig finde. Auch in Zeitschriften, Modemagazinen etc. werden Produkte vorgestellt, vielfach wird auf die Hersteller verwiesen, unter Umständen auf deren Internetseiten. Natürlich ist der Weg zur Website des Herstellers im Online-Bereich unkomplizierter – ein Klick genügt – als im Printbereich. Trotzdem wehre ich mich dagegen, als Influencerin anders behandelt zu werden als eine Frauenzeitschrift. Das Prozedere ist das gleiche, nur das Medium ist ein anderes. Mir ist bewusst, dass ich sehr genau darauf achten muss, Werbung zu kennzeichnen oder darauf hinzuweisen, wenn ich Produkte geschenkt bekommen habe oder für die Platzierung Geld geflossen ist. Aber im Prinzip funktioniert mein Instagram-Kanal ähnlich wie ein Magazin in klassischer Form.

16
Und immer wieder im Shitstorm

 cathyhummels ✓ • *Folgen*
Munich, Germany

 cathyhummels ✓ HASS hat bei mir keine Platform - noch mehr denn je werde ich dagegen vorgehen. In dieser Zeit sind wir ALLE traurig und ängstlich und müssen uns Mut machen, anstatt uns gegenseitig nieder zu machen. Ich weiß, dass meine Augen vielleicht nicht so funkeln wie sonst. Stellt euch vor: Ich bin auch traurig, auch verletzlich, auch verunsichert und vor allem habe ich auch: ANGST. Wird alles wieder so wie es mal war? Was bringt die Zukunft? Fragen über Fragen ... Nichts desto trotz motiviere ich mich jeden Tag aufs Neue, indem ich mir sage : Glaub daran, dass irgendwie immer alles wieder gut wird und sei verdammt nochmal STARK für dein Kind. Das bin ich. Genau das bin ICH. Ich lasse mich nicht unterkriegen, stehe immer wieder auf und will euch genauso stärken. Meine Community ist mir wichtig. IHR seid mir wichtig. ALSO #noHATE #neverloseyoursmile EGAL was andere sagen, ich bleibe stark und IHR auch. 🐝

PS: Mein Gewicht scheint hier auch ein großes Thema zu sein. Antwort dazu ein letztes Mal 😔🙏: Ich habe seit Thailand 3 kg verloren (Magenprobleme) . Ich tue alles um diese wieder gesund zuzunehmen. Im Moment sehe ich aber so aus 🙍‍♀️ und es hilft nicht mir das ständig in meine Kommentare auf beleidigende Art zu schreiben, weil ich mir dessen bewusst bin. ❤️

Gefällt 14.825 Mal

26. MÄRZ

Jeder, der in den sozialen Netzwerken aktiv ist, läuft Gefahr, irgendwann mal einem Shitstorm ausgesetzt zu sein. Irgendeine Zeitung nimmt sich vor, einen Fauxpas zu finden, einzelne Aussagen werden aus dem Zusammenhang gerissen, Kommentare werden aufgegriffen und aufgeblasen und es entwickelt sich eine Welle des Shitstorms quer durch die Medien. Ich habe das schon so oft erlebt und mittlerweile mache ich mir da nicht mehr viel draus. Brasilien war die heftigste Zeit in dieser Hinsicht. Die damalige Welle hat mir einiges abverlangt und mich robuster gemacht. So schnell wird kein Shitstorm mehr mich umhauen können. Um eine Vorstellung zu bekommen, was da alles an Hass ausgekübelt wird, habe ich ein paar Kommentare herausgesucht, die im Lauf der Zeit, oftmals anonym, gepostet wurden. Hate à la carte:

»Furchtbar die Frau. **Kann nix, aber Hauptsache n Fußballer heiraten.**«

»Mei Cathy, denk bitte vorher nach, wenn du was postest. Es ist zum **fremdschämen** wie du dich aktuell präsentierst.«

»Einfach beschämend **du mit deinen Millionen heulst hier rum** wo draußen die working class das Leben am laufen *hält* ... und das für ein Gehalt was du dir nicht mal vorstellen kannst. **Unglaublich was sich Millionäre so raus nehmen** ...«

»Oh Gott, **du bist so fernab der Realität**. Das tut echt weh. Bilde dich! Schau mal raus aus deiner privilegierten, reichen Blase und blick in die Realität.«

»Am bestem den mund halten. **Du wirst nie erfolgreich … Bleib einfach im Schatten von …** Aber so hohl zu sein.«

»Wegen Leuten wie Ihnen mit sehr eingeschränktem Horizont sind viele andere in Gefahr. **Einfach widerlich.** Hoffentlich gibt es Gerechtigkeit.«

»Größte Hohlfritte auf dem Planeten«

»Du bist aber kein Star **du bist nur zufällig die Frau eines Stars.**«

»Du solltest deinen PR Manager wechseln … **peinlicher Post«**

»sorry, ich bin kein hater und respektiere jeden und alle gedanken, fast alle … aber **bei diesem post, konnte ich mich vor lachen nicht mehr halten.** dann lieber bikini.«

»als ob der Löwe Predigt kein Fleisch mehr zu essen! **Wie scheinheilig kann man eigentlich sein** … naja, tingel mal weiter durch die Welt, zähl die Millionen von deinem Mann und hau zwischendurch einen raus! **So unglaublich lächerlich, diese Frau.**«

»Wo sind eigentlich **die 5000 heute Mittag gekauften Follower** schon wieder hin???«

Im Juni 2019 gab es eine regelrechte Hasswelle, und auch wenn ich die meisten Kommentare ignoriere und nicht an mich

cathyhummels ✓ 👉 ES IST VERDAMMT EINFACH ANONYM MIT DEM FINGER AUF ANDERE ZU ZEIGEN 👈 VORWEG: Ich freue mich sehr, dass ich eine so tolle und aktive Community habe und ich täglich so viele Nachrichten von euch bekomme. Der folgende Beitrag, richtet sich nur an einen ganz kleinen Teil von euch, ca 2%, aber trotzdem liegt mir dieses Thema sehr am Herzen. Leider gibt es immer wieder Kommentare oder Nachrichten, die nichts mit sachlicher oder konstruktiver Kritik zu tun haben, sondern sehr aggressiv, persönlich, beleidigend und hasserfüllt sind. WARUM MUSS DAS SEIN? Einige Nachrichten gehen dabei leider echt zu weit. Ich habe in meinem Leben mit viel HATE und SHIT umgehen müssen. Dabei hatte ich immer zwei Möglichkeiten. Die eine war: Ich lass mich unterkriegen. Die andere hingegen war: Ich gehe weiter meinen Weg, weil nur DANN bin ich glücklich und erfüllt. An die Verfasser solcher Nachrichten: Wie würdet Ihr Euch fühlen, wenn ihr täglich zu hören bekommt wie schlecht man doch aussieht, was man alles falsch macht und das man eine schlechte Mutter für sein Kind ist? Willst DU so behandelt werden, wie du mich oder andere behandelst? Niemand ist perfekt, ich nicht, aber DU auch nicht. Ich will diesen HATE stoppen, dazu beitragen, dass wir uns gegenseitig respektieren und akzeptieren. Jeder hat seine Berechtigung. Wenn man mit dem was man macht, niemandem weh tut oder verletzt, dann ist das doch vollkommen cool. Lasst uns uns doch gegenseitig ein wenig mehr lieb haben 😍 😍 ❤️ 😊 Wir sollten andere Menschen so behandeln, wie auch wir selbst behandelt werden wollen. Hassmails, werden direkt gelöscht und die User blockiert. 🙅‍♀️ Und den restlichen 98% meiner coolen und liebgewonnenen Followern wünsche ich einen wundervollen Abend. ❤️

56 Wo.

Gefällt 16.000 Mal

1. JULI 2018

heranlasse, so wollte ich doch ein Statement dazu abgeben und ein Zeichen gegen Hass im Netz setzen.

Mit diesem Post wollte ich den Hatern da draußen die Stirn bieten, weil diese Leute manchmal gar nicht wissen, was sie mit solchen Aussagen anrichten. Sie denken, sie haben das Recht zu beleidigen und jemanden anzugehen, nur weil es sich um eine öffentliche Person handelt. Das ist absolut nicht in Ordnung. Öffentlich ist für sie gleichbedeutend mit vogelfrei. Warum ent-followen sie nicht einfach dem Account derjenigen, die sie doch offensichtlich gar nicht mögen? Wer soll das verstehen? Ich nicht. Geschmäcker sind verschieden, kein Problem. Genau wie im echten Leben, wenn man einem Menschen aus dem Weg geht, den man nicht mag. Man fordert doch nicht permanent die Konfrontation heraus und sagt demjenigen ins Gesicht: »Hallo, du da, kann dich nicht leiden, du bist scheiße!« Das würde sich auch kaum jemand trauen. In den sozialen Medien aber fallen alle Hemmungen, weil man anonym bleiben kann. Und das finde ist nicht okay. Deshalb war mir wichtig, mit meinem Post klarzustellen, dass man gerne Feedback geben soll, offene, ehrliche, ungeschönte Kritik, bitte jederzeit! Beleidigungen, Beschimpfungen, Verunglimpfungen jedoch, das geht zu weit. Hier wird eine rote Linie überschritten.

Natürlich löste mein Beitrag im Juni 2019 sofort wieder starke Reaktionen aus, sowohl positive als auch negative:

»Ein sehr guter Beitrag. Es ist erschreckend, was aus unserer Gesellschaft geworden ist. Dieses feige Verstecken hinter dem Handy/PC und das virtuelle überhandnehmende Austeilen an andere auf so niedrigem Niveau. Es ist sehr traurig.«

»Besser hätte man dies nicht schreiben können!! ❤ Und ich bin schockiert, was es hier für ekelhafte Menschen gibt. Ihr würdet es euch niemals trauen Ihr das alles hier ins Gesicht zu sagen!! Traurig, dass es solche Menschen gibt.«

»Ich würds dir auch ins Gesicht sagen, dass du aus eigener Kraft im Leben nichts wirklich erreicht hast. Sorry. Wer so öffentlich lebt und sich zeigen will der muss auch mit sowas rechnen. Drüberstehen oder echt einfach leise weinen.«

»Wer bist du? Die Queen?! Heul leise. Öffentlich hier und nicht jeder muss dich anhimmeln.«

Mit nichts anderem hatte ich gerechnet. Mir war es aber eine Herzensangelegenheit, diese Thematik offen anzusprechen und Stellung zu beziehen.

Ehrlich gesagt würde ich gerne mal einen meiner Hater treffen. Manchmal handelt es sich um Fake-Accounts, hinter denen sich diese Typen verstecken, aber oft sind es auch reale Menschen. Das Spektrum ist breit gefächert. Fußballfans, die gerade unzufrieden sind mit der Leistung von Mats und mich dann anprangern; Frauen, die mich für meinen Körper beleidigen und beschimpfen. Wenn ich mir manchmal die Zeit nehme, um mir die Profile der Verfasser anzuschauen, fällt als Erstes auf, dass fast nie ein Foto eingestellt ist. Am liebsten würde ich gerne ganz spontan bei einem von ihnen, die da jeden Tag hässliche Kommentare unter meinen Posts hinterlassen, an die Tür klopfen. »Ach hallo, wie schön, ein Gesicht zu den Beleidigungen zu haben. Gibt es vielleicht jetzt gerade auch etwas, was du gerne loswerden willst? Möchtest du vielleicht kritisieren, dass ich meinen Sohn nicht mitgenommen habe auf meine Hater-Besuchsrunde? Oder bin ich dir heute vielleicht zu dünn oder zu dick oder zu oberflächlich?«Ich wäre so gespannt, wie die Leute reagieren würden, und bin mir zu hundert Prozent sicher, dass die meisten keinen vernünftigen Satz herausbringen würden, geschweige denn dazu in der Lage wären, mir die gleichen Kommentare persönlich ins Gesicht zu sagen. Hater sind für mich Feiglinge, mehr nicht. Mein Vater sagt mir regelmäßig: »Deine Branche ist ein Haifischbecken, und du musst davon ausgehen, regelmäßig gebissen zu werden.« Er verfolgt genau, was ich auf meinem Kanal treibe, und ihm ist bewusst, dass man ein dickes Fell haben muss, um manche Kommentare nicht zu nah an sich heranzulassen. »Du musst wie eine bayerische Eiche sein. Es darf dich nicht jucken, wenn sich die Wildsau an dir scheuert.« Danke, Papa! Recht hat er, und ich glaube, ich habe mir mittlerweile ein sehr dickes Fell zugelegt. Eine bayerische Mini-Eiche bin ich mindestens schon.

Hass im Netz betrifft nicht nur die Influencer-Szene, es ist längst ein weitverbreitetes, etabliertes Phänomen unserer Zeit. Es gibt aufschlussreiche Studien dazu, die belegen, wie sehr diese Thematik schon in unserer Gesellschaft angekommen ist. Im Juni 2019 wurde die viel beachtete Studie »HASS IM NETZ – Der schleichende Angriff auf unsere Demokratie« veröffentlicht. An der bundesweiten repräsentativen Untersuchung waren unter anderem vier Initiativen beteiligt, die von »Demokratie leben!« gefördert werden: Das NETTZ – Vernetzungsstelle gegen Hate Speech, Gesicht Zeigen, No Hate Speech Movement und die Amadeu Antonio Stiftung. An einer Stelle in der Studie heißt es, und das hat mich wirklich schockiert:

»Zwei Drittel (66 %) derer, die schon persönlich mit Hasskommentaren im Netz angegriffen wurden, benennen verschiedene negative Auswirkungen dieser Erfahrungen (Mehrfachantworten waren möglich): emotionaler Stress (33 %), Angst und Unruhe (27 %), Depressionen (19 %), Probleme mit dem Selbstbild (24 %). Für 15 % ergeben sich Probleme mit und bei der Arbeit bzw. in ihrer Bildungseinrichtung.«

Hasskommentare haben also unmittelbare Auswirkungen auf unsere Lebensqualität, obwohl sie von uns fremden Personen stammen. Auch eine forsa-Studie von 2019 zeigt, wie präsent das Thema ist:

»Laut der forsa-Umfrage im Auftrag der Landesanstalt für Medien NRW sind bereits 85 % der 14–24-Jährigen in den Sozialen Medien mit Hate Speech konfrontiert worden ... Die Wahrnehmung von Hate Speech im Internet ist unverändert: Drei Viertel der befragten Internetnutzerinnen und -nutzer (75 %) haben schon Hate Speech im Internet gesehen, etwas mehr als jeder Dritte sogar schon (sehr) häufig.«

Diese Zahlen bestätigen das, was ich auf meinem Kanal erlebe und was ich auch bei vielen anderen beobachte, seien es nun Influencer, Sportler, Schauspieler, Musiker oder Politiker. Einerseits ist es ein Trost zu wissen, dass man mit diesem Problem nicht allein dasteht, andererseits wünsche ich derartige Anfeindungen einfach niemandem.

Meine Instagram-Kollegin Dagi Bee hat einen sehr amüsanten und taffen Weg gefunden, ihren Hatern die Stirn zu bieten. In ihren Videos liest sie die Hasskommentare öffentlich vor und nimmt den Verfassern somit den Wind aus den Segeln. Sie hat sogar einen Song darüber produziert, der wirklich gut gemacht ist und im Ohr bleibt. Auch mein Kollege Riccardo Simonetti wurde kreativ im Kampf gegen den Hass im Netz und startete die Initiative #iamstrongerthanbullying. Er geht das Ganze sehr offensiv an und sagt:»Will ich jemand sein, der einen Weg geht, bei dem ich mich verstellen muss oder will ich jemand sein, der ich wirklich bin und dafür vielleicht auch mal den ein oder anderen Stein aus dem Weg räumen?«

Ich finde es bemerkenswert, wenn man auf so eine offensive und starke Art mit Anfeindungen umgehen kann. Es ist erschreckend, wie viele Menschen die Meinung vertreten, Personen des öffentlichen Lebens müssten Hasskommentare und Ähnliches aushalten und akzeptieren. YouGov und Statista veröffentlichten im Jahr 2019 eine Studie, in der sie genau diesem Punkt auf den Grund gingen:»19% der Befragten (ab 18) sind der Meinung, die Personengruppe der Influencer müsse Beleidigungen im Netz aushalten. 24% denken eben das über Politiker, 19% über Aktivisten, 12% über Journalisten und 15% über Unternehmensvorstände.« Erschreckende Zahlen, die unsere Realität widerspiegeln. Am 3. November 2019 schrieb DIE ZEIT, Facebook hätte in seinem Transparenzbericht angegeben, allein im ersten Quartal von 2019 insgesamt hundertsechzigtausend Inhalte entfernt zu haben, die als Hassrede eingestuft wurden. Was geschieht da in unserer Gesellschaft? Es ist schier unmöglich geworden, sich als öffentliche Person dem Hate zu entziehen, und derzeit passiert einfach noch viel zu wenig, um öffentliche Personen im Netz zu schützen.

Ich verfolge mit großem Interesse den Fall der Grünen-Politikerin Renate Künast. Sie wurde auf Facebook extrem beschimpft, nachdem ein rechter Blogger einen Zwischenruf Künasts ausgegraben, verfälscht und verbreitet hatte. Den Zwischenruf hatte Künast vor über dreißig Jahren im Abgeordnetenhaus abgegeben. So wie der Blogger ihre Aussage abbildete, wirkte es, als relativiere Künast Pädophilie. Das war selbstverständlich nicht der Fall, wie auch später ein Gericht befand. Was dann folgte, war ein Shitstorm basierend auf einer Unwahrheit. Renate Künast entschloss sich, gegen die Flut von Beleidigungen und Anschuldigen vorzugehen, was ich bewundere und für absolut richtig erachte. Sie wählte unter anderem einen Weg, den ich mir, wie bereits erwähnt, auch schon oft ausgemalt habe: Sie besuchte einige ihrer Hater zu Hause. Am 13. März 2020 erschien ein Interview in der ZEIT, in dem Künast von ihren Erfahrungen berichtete: »Am Anfang kam man sich aber schon etwas exotisch vor. 2016 habe ich gemeinsam mit einer *Spiegel*-Journalistin Menschen besucht, die mich auf Facebook beschimpft haben. Für so etwas wurde ich am Anfang schon ein bisschen bestaunt – überhaupt dafür, dass ich mich dagegen gewehrt habe.« Ein mutiger Schritt, um aktiv gegen Hater vorzugehen und sie mit ihrem Tun zu konfrontieren. Damit war es aber nicht getan, Künast zog auch vor Gericht. Eine gerichtliche Einstufung von Facebook-Kommentaren als »Beleidigung« hat zur Folge, dass Facebook die personenbezogenen Daten herausgeben muss, sodass man zivilrechtlich gegen die Verfasser vorgehen kann. Künast verlor am Berliner Landgericht. Alle zweiundzwanzig Kommentare – um diese Anzahl drehte es sich – seien zulässig und von der Meinungsfreiheit gedeckt. Das ließ Künast nicht auf sich sitzen. Sie legte Beschwerde ein und erzielte einen Teilerfolg: Sechs der zweiundzwanzig Beschimpfungen wurden als strafbar eingestuft. Sie kämpfte weiter und schaffte es in der nächsten Instanz am Kammergericht Berlin, sechs weitere Kommentare revidieren zu lassen. Diese Entscheidung fiel im März 2020, nur wenige Monate nachdem das Landgericht Berlin entschieden hatte, alle zweiundzwanzig Äußerungen seien zulässig. Nun stand man plötzlich nur noch bei zehn. Man sieht: Kämpfen lohnt sich.

Unterstützt wurde Künast von der im Jahr 2017 gegründeten Organisation HateAid. Es handelt sich um eine gemeinnützige GmbH zur Beratung und Unterstützung von Opfern von Online-Hass mit Sitz in Berlin. Die Organisation berät und unterstützt Menschen, die Gewalt und Hass im Netz ausgeliefert sind. Der Fall von Renate Künast und der damit verbundene bisherige Teilerfolg rückt die Thematik mehr denn je in die Öffentlichkeit, doch es ist nur einer von zahlreichen Fällen, mit denen sich HateAid beschäftigt. Als weiteres Beispiel ist Luisa Neubauer zu nennen. Sie ist das Gesicht der Fridays-for-Future-Bewegung in Deutschland. Viele Hater sehen in ihr ein gefundenes Fressen und greifen sie aufgrund ihres unermüdlichen Einsatzes für unser Klima an. »Hass im Netz fühlt sich sehr isolierend und bedrohlich an, weil er über das Handy in der Hosentasche ständig bei dir ist.« Auch sie lässt sich von HateAid vertreten.

Hass im Netz kann jeden treffen, der sich in den sozialen Netzwerken bewegt. Egal wofür er einsteht, egal wofür er kämpft. Und Hass im Netz ist gefährlich. Er fördert wie bereits erwähnt Depression, Probleme mit dem Selbstbild und ruft emotionalen Stress hervor. Wenn man sich schwer damit tut, dass einen andere im Netz kritisieren oder an den Pranger stellen, wäre es nur konsequent, sich von Instagram und vergleichbaren sozialen Netzwerken fernzuhalten oder zumindest den eigenen Account nur privat zu nutzen. Aber wie realistisch ist es, sich aus den sozialen Netzwerken herauszuziehen, zumal für Jugendliche, Digital Natives, diejenigen, für die Social Media bei der Mediennutzung an erster Stelle steht, lange vor TV und Print? Und gerade Jugendliche werden Opfer von Mobbing im Netz. Umso mehr kommt es auf das richtige Verhalten im Netz an: bei sich selbst zu bleiben, in sich gefestigt und für sich selbst glücklich zu sein mit dem, was man tut. Nur dann schafft man es, diesen ganzen Hate nicht an sich heranzulassen.

Viele haten aus Neid, aus Langeweile oder weil sie mit ihrem eigenen Leben unzufrieden sind. Andere fertigzumachen lenkt von den eigenen Problemen ab. Dir geht es schlecht, dadurch fühle ich mich besser. Ein viel gesünderer Ansatz wäre natürlich zu sagen: Warum bin ich so hasserfüllt? Warum nehme ich mir die Zeit, andere Menschen anzugehen und böse Kommentare zu hinterlassen? Was kann ich in meinem Leben verändern, sodass ich zufriedener und glücklicher werde und damit auch ausgeglichener gegenüber meiner Umwelt? Aber dann müsste man sich ja mit sich selbst beschäftigen, mit seinen eigenen Problemen. Diese wegzuschieben und auf andere zu projizieren ist der vermeintlich leichtere Weg. Und an dieser Stelle schließt sich der Kreis, und ich komme ins Spiel beziehungsweise alle, die im Netz angefeindet werden. Es besteht eine Verbindung zwischen dem Hater und seinem Opfer. Meistens heißt diese Verbindung: Neid. Dieser Tatsache muss man sich immer wieder bewusst werden. Die eigene Lebensweise, die eigenen sozialen Strukturen lösen eine Unzufriedenheit in diesen Menschen aus, und deshalb nehmen sie sich die Zeit, dieser Unzufriedenheit Luft zu verschaffen und hässliche Kommentare zu schreiben. Und weil das so ist, gehe ich mit diesem Hass mittlerweile relativ entspannt um. Beleidigungen lösche ich nach wie vor und blockiere die Verfasser. Zwar versuchen sie dann, durch eine Hintertür den Weg zurückzufinden, meistens sind sie aber für eine gewisse Zeit ruhiggestellt. Wie gesagt: Konstruktive Kritik ist jederzeit willkommen, sinnlose Hasskommentare bleiben ein No-Go. Das hat nun auch das Bundeskabinett eingesehen und plant gesetzliche Schritte zur Bekämpfung von Hasskriminalität und Beleidigung im Netz (§185 StGB). Auf dem Rechtsportal *Juris* heißt es dazu: »Öffentliche

Beleidigungen sind laut und aggressiv. Für Betroffene können sie wie psychische Gewalt wirken. Wer öffentlich im Netz andere beleidigt, soll künftig mit bis zu zwei statt mit bis zu einem Jahr Freiheitsstrafe bestraft werden können.«

Also, an alle jungen Instagrammer da draußen: Wehrt euch, das Gesetz ist auf unserer Seite. Und versucht hässliche Kommentare nicht zu sehr an euch heranzulassen. Es ist nicht wichtig, was andere sagen. Wichtig ist, dass ihr mit euch selbst glücklich seid. Dann können die Hater kommentieren, so viel sie wollen: Ihre Meinung prallt einfach an euch ab.

17
Babybrei und roter Teppich

cathyhummels ✓ • Folgen ···

cathyhummels ✓ Willkommen auf der Welt unser kleiner Mann. Wir sind sehr stolz, dass du heute am 11.1.18 das Licht der Welt erblickt hast. In Liebe, deine Mama ❤️ PS: Danke @aussenrist15 für das schönste Geschenk der Welt 💕

129 Wo.

♡ ○ ◁   ▢

Gefällt 114.359 Mal

11. JANUAR 2018

Mir war immer klar, dass ich Kinder möchte. Lange hatte ich den Plan, im Alter von fünfundzwanzig das erste Kind zu bekommen. Plötzlich war ich fünfundzwanzig und ich hatte tausend Dinge in meinem Kopf, aber keine Zeit für ein eigenes Kind. Man kennt das ja, je nach Lebensabschnitt liegen die Prioritäten woanders. Die Zeit muss stimmen. So schob sich das Thema immer weiter nach hinten. Irgendwann aber war der Zeitpunkt gekommen, und ich fühlte mich bereit. Bereit für eine Schwangerschaft, bereit für ein Kind, bereit für einen neuen Lebensabschnitt. Wenn es jetzt passiert, sagten wir uns, dann passiert es. Wir ließen das Schicksal entscheiden, und das fackelte nicht lang. Ich flog damals für sechs Wochen in die USA, um dort ein Moderationscoaching zu absolvieren. Schon während des Flugs fühlte ich mich komisch, etwas aufgebläht und mein Busen tat weh. Könnte es sein …, überlegte ich. Gleich nach der Landung in Los Angeles machte ich einen Stopp bei Walmart und kaufte einen Schwangerschaftstest. Ab ins Hotel und siehe da, der Test war positiv. Ich traute dem Ganzen noch nicht, und um auf Nummer sicher zu gehen, machte ich zwei weitere Tests. Auch die zeigten es eindeutig an: Ich war schwanger. Ich konnte es nicht glauben!

Ich musste das erst mal für mich verdauen. Weder Mats noch meiner Familie gab ich sofort Bescheid. Besser wäre es, dachte ich, ich lasse das Ergebnis von einem Arzt bestätigen? Bevor ich irgendjemanden informieren wollte, brauchte ich zu hundert Prozent Sicherheit. Da ich allein in Los Angeles war und vor Ort kaum jemanden kannte, kontaktierte ich eine Yogalehrerin, mit der ich früher mal zusammengearbeitet hatte; sie gab mir den Kontakt ihres Gynäkologen in Beverly Hills. Ich bekam für den nächsten Tag einen Termin. Was ein Glücksfall war, denn das war nicht irgendein Frauenarzt. Es war *der* Frauenarzt. Als ich seine Praxis betrat, sprangen mir sofort die Fotos ins Auge, die das Wartezimmer schmückten. Die Damen kamen mir doch bekannt vor … Natürlich, die Kardashians! Ich war bei dem Gynäkologen gelandet, der alle Kardashian-Kinder zur Welt gebracht hatte. Dann wird der sich ja auskennen, stellte ich beruhigt fest. Nach der Untersuchung sagte der Arzt: »Congratulations, Mrs Hummels! You are pregnant.«

Nun war es also offiziell. Drei Tests und ein Arzt konnten nicht falschliegen. Jetzt durften es auch die anderen wissen. Zunächst rief ich Mats an. »In etwa neun Monaten sind wir zu dritt!« Er fiel aus allen Wolken und freute sich natürlich grandios. Dann folgte der Anruf bei meinen Eltern. Das Strahlen der beiden konnte ich förmlich durchs Telefon spüren. Ich überlegte kurz, ob ich zurück nach Deutschland fliegen sollte, aber Mats würde ohnehin in zwei Wochen mit meiner Schwester nachkommen, also entschied ich mich, in den USA zu bleiben. Eigentlich hatte ich ja geplant, mein Moderationsseminar zu machen, das ließ ich aber bleiben. Zwar arbeitete ich dort auch für ProSieben, versuchte aber, das Pensum in Grenzen zu halten. Jede Frau, die schon einmal schwanger war, kennt die Veränderungen, die der Körper in so einer Phase durchlebt. Diese Umstellungen sind anstrengend. Übel war mir zwar gar nicht, doch es überkamen mich immer wieder Hitzewallungen, als stünde der ganze Körper permanent unter Strom. Ab jetzt gehörte mein Körper also nicht mehr nur mir allein, ab jetzt musste ich ihn teilen. Physisch bewegte ich mich zwischen heiß und kalt, emotional zwischen überglücklich, verwirrt, ungläubig, voller Vorfreude … und ich bekam einen Heißhunger auf Schokolade. Die Dinge, die ich sonst so liebte, mochte ich plötzlich nicht mehr essen. Mit Gemüse konnte man mich jagen. Diese Veränderung war schon vor der Reise aufgetreten und hätte mich ahnen lassen können, was sich anbahnte. Von nun an standen Pommes, Eis und Schokolade auf meiner Speisenkarte. Und wenn ich nicht das bekam, worauf ich Lust hatte, ging meine Laune rapide in den Keller. So kannte ich mich gar nicht. Schon damals konnte ich Ludwig keinen Wunsch abschlagen, und der verlangte eben nach Eis und Schokolade.

Bis auf die körperlichen Veränderungen und meine kulinarische Neuorientierung fühlte ich mein Baby anfangs natürlich noch nicht in meinem Bauch. Es hatte ja gerade mal die Größe eines Reiskorns. Immer wieder überkam mich die Sorge, es könnte verschwinden und mich allein zurücklassen. Ich ging regelmäßig zum Arzt und war jedes Mal glücklich und erleichtert zu hören, dass alles in Ordnung war. Nach drei Monaten, der bekanntlich risikoreichsten Zeit einer Schwanger-

schaft, machten wir es dann öffentlich. Wir entschieden uns
bewusst gegen eine Pressemitteilung. Stattdessen richteten wir
uns direkt an unsere Follower und posteten beide ein Bild mit
Babyschuhen auf Instagram. Zu dem Zeitpunkt hätte ich meinen Babybauch ohnehin nicht sehr viel länger verstecken können, es war also höchste Zeit, die baldige Ankunft unseres
Nachwuchses öffentlich zu machen.

Die Reaktionen waren überwältigend, alle freuten sich mit uns,
und ich war froh, dass das Geheimnis gelüftet war. Jetzt konnte ich auch wieder posten, was mich gerade beschäftigte. Für
drei Monate hatte ich einen nicht unerheblichen Teil meines
Lebens verheimlicht. Der neue Bereich, den ich durch das Thema »Schwangerschaft« bediente, brachte auch einen weiteren
Schwung an Followern mit sich.

Die Schwangerschaft an sich verlief unkompliziert. Einmal
klemmte ich mir bei einer falschen Bewegung einen Nerv ein
und musste zwei Wochen auf Krücken gehen, ansonsten gab

es keine Komplikationen. Irgendwann konnte ich die Geburt nicht mehr abwarten. Ludwig war ein großes Baby und gegen Ende der Schwangerschaft drückte er auf meine Harnwege, sodass ich eine Woche vor der Entbindung noch eine Nierentzündung bekam. Er wollte endlich raus in die Welt.

Die neun Monate mit dem Kleinen im Bauch waren eine wunderbare Erfahrung. Dass unser Kind ein Junge sein würde, erfuhren wir durch eine Ultraschallaufnahme. Generell war mir das Geschlecht egal. Oberste Priorität war, dass unser Kind gesund und fit auf die Welt kommt. Als ich erfuhr, dass es ein Junge wird, hatte ich instinktiv seinen Namen im Kopf: Mein Sohn würde Ludwig heißen. Mein Opa – der Vater meines Vaters – hatte diesen Namen getragen und ich spürte, dass mein Kind ein Ludwig war. Für mich klingt der Name ein bisschen königlich, heroisch, und heute stelle ich fest, dass diese Attribute perfekt auf unseren Ludi zutreffen. Er kann, wenn er will, unheimlich stur sein, lässt sich nichts sagen, hat seinen eigenen Kopf und einen starken Willen, dem er folgt. Und wenn dann die Frage kommt, von wem hat er das denn, müssen Mats und ich lachen. So sind wir nämlich beide.

Als Ludwig das erste Mal in meinen Armen lag, überkam mich eine Welle an Emotionen, die sich schwer in Worte fassen lässt. Mehr als nur ein Muttergefühl, vielmehr ein »ich kann nicht glauben, dass du auf der Welt bist«. Dieses Wesen war so lange in meinem Bauch gewesen, nun hielt ich es ganz fest und war erfüllt von Liebe und gleichzeitig fassungslos. Ein Mensch hatte sich in meinem Bauch entwickelt? Dieses Baby war in mir gewachsen? Was für ein Wunder.

Die Existenz von Ludwig und meine Rolle als Mutter haben mich geerdet. Die Prioritäten verschoben sich auf einmal. Plötzlich war da ein Mensch, der voll und ganz von mir abhängig war. Ich merkte, dass die Gesundheit an allererster Stelle steht und dass ich einfach alles für mein Kind tun würde. Früher verhielt ich mich, das gebe ich zu, gerne mal egoistisch, dachte in erster Linie an mich. Heute ist das anders. Ich würde auf alles in der Welt verzichten, damit es Ludwig gut geht. Nach wie vor liebe ich meine Arbeit und gebe alles, was ich kann. Wenn es aber meinem Sohn nicht gut geht, überträgt sich das auf mich und alles Glück der Welt bringt und bedeutet mir nichts, solange Ludwig nicht wieder wohlauf ist und lachen kann. Zuerst mein Kind, dann alles andere.

Ludwig ist im Grunde genommen ein pflegeleichtes Kind, wenn man das so sagen darf. Er ließ mich meistens gut schlafen, schrie nicht viel, hatte einen gesunden Durst und bis auf wenige Koliken, die in den ersten Monaten ganz normal sind, gab es keine großen Vorkommnisse oder Schwierigkeiten. Er war und ist ein super Junge. Von Anfang an fremdelte er nicht, was es mir leichter machte, meiner Arbeit nachzugehen. Er hängt zwar sehr an Mats und mir, aber es ist für ihn kein Problem, kurz bei meiner Schwester oder meinen Eltern zu bleiben, ohne dass er weint oder bettelt, dass ich dableibe. Ludwig ist ein offener, extrovertierter, liebevoller kleiner Mensch, der auch viel Zeit für sich beansprucht. Und er hat wirklich Hörner! Er weiß genau, was er möchte, und ich musste schon das eine oder andere Mal sehr mit seinem Willen kämpfen. Aber er spielt allein, beschäftigt sich selbst und ist sehr intelligent.

Manchmal ist er mir, das muss ich zugeben, etwas zu intelligent. Wenn er seine Ruhe haben will, schaut er mich an und sagt: »Mama, Küche!« Ich soll dann also in die Küche gehen und kochen, damit ich abgelenkt bin und er ungestört seinen Schabernack treiben kann. In der Hinsicht überrascht er mich immer wieder und ich muss aufpassen, dass ich nicht auf die neuesten Ablenkungsmanöver hereinfalle. Er hat es faustdick hinter den Ohren, merkt sich alles und weiß ganz genau, wie er wann sein muss, damit er das bekommt, was er will. Auch bei Puzzlespielen, die eigentlich erst für Kinder ab drei oder vier geeignet sind, kann er problemlos mithalten. Dazu kommt, dass er sprachbegabt ist. Er wächst bilingual auf, Deutsch-Englisch, und schafft es schon ganz gut, beide Sprachen zuzuordnen. In der Kita wird Englisch gesprochen und bei mir darf er beispielweise die Kindersendung *Peppa Wutz* nur auf Englisch ansehen.

Wenn Ludwig mal nicht versucht, mich in die Küche zu verscheuchen oder über seinem Niveau Puzzlespiele löst, dann tanzt und singt er oder spielt Fußball. Letzteres überrascht mich nicht, schließlich hat er den besten Trainer als Vater. Gemessen an seiner körperlichen Aktivität wird er auf jeden Fall später ein Sportler. Ich bin ja schon ein Duracell-Mensch, aber Ludwig toppt alles. Er hat so viel Energie, dass er sich körperlich auspowern muss, um ausgeglichen und ruhig zu sein.

Was aus ihm später mal wird? Ich habe keine Ahnung. Aber er hat viele gute Voraussetzungen für ein tolles Leben. Ich bin zuversichtlich und habe vollstes Vertrauen, dass er seinen Weg gehen wird. Wir werden uns als Eltern die größte Mühe geben, ihm alles zu geben, was er für ein erfülltes Leben braucht. Ich für meinen Teil versuche einfach, Ludwig so zu erziehen, dass er mit sich selbst glücklich ist. Er soll selbst herausfinden, was er mag und was nicht, um dann bewusste Entscheidungen für seine Zukunft treffen zu können, beruflich wie privat. Geld oder Erfolg sollten bei einem Job nicht ausschlaggebend sein, sondern inwiefern ihn eine Aufgabe erfüllen würde. Er soll seinem Herzen folgen, auf sich selbst vertrauen und das machen, was er wirklich mag. Vor allem soll er sein Selbstvertrauen nicht aus anderen schöpfen, sondern aus sich selbst. Ich möchte ihm den Fehler ersparen, den ich viele Jahre machte, nämlich emotional von anderen Menschen abhängig zu sein. Ludwig soll imstande sein, zu sich selbst zu stehen und mit sich glücklich zu sein. Wenn er das schafft, kann er, glaube ich, in dieser Welt gut leben.

cathyhummels ✓ • Folgen ···

cathyhummels ✓ Immer an meiner Seite! Er gibt mir Kraft und lässt mich strahlen. Mama sein bedeutet für mich auch, wieder mehr Wahrnehmung für kleine wunderbare Dinge im Leben zu bekommen. Danke Ludwig ❤️

93 Wo.

Gefällt 22.541 Mal

18. SEPTEMBER 2018

Ich bin bei aller Liebe und Fürsorge definitiv keine der sogenannten Helikopter-Mamas. Ich lasse mein Kind machen, das finde ich wichtig. Natürlich habe ich ihn immer im Auge, aber er soll die Welt auch für sich selbst erkunden und entdecken können, ohne dass ich auf Schritt und Tritt an seinen Fersen klebe. Außerdem brauche ich auch meinen Beruf, da bin ich ganz ehrlich. Wäre ich 24/7 »nur« Mutter, ich würde kaputtgehen. Das habe ich für mich herausgefunden. Es mag Frauen geben, die durch die Mutterrolle komplett erfüllt sind, und dieses Modell erachte ich als ebenso ehrenhaft wie meines. Ich bin aber der Typ Mensch, der die Arbeit für die eigene Balance braucht. Mein Kind, die Familie und die Arbeit – das sind die beiden Pole, und Freizeit kenne ich nicht mehr ohne meinen Sohn. Das ist auch gut so. Babybrei oder roter Teppich? Ich entscheide mich definitiv für Ersteres. Der rote Teppich bedeutet mir nichts. Klar, wenn ich für Veranstaltungen gebucht bin, wenn ich moderiere oder auf eine Gala gehe, gehört ein roter Teppich dazu. Für mich ist es ein Ort, an dem Fotos gemacht werden, mehr nicht. Natürlich finde ich es toll, schön geschminkt und mit gestylten Haaren eine Veranstaltung zu besuchen, aber es ist mir nicht wichtig. Ich bin gerne zu Hause und merke mehr und mehr, wie sehr mich das erfüllt.

Wie man sein Kind erzieht, ist absolut subjektiv zu entscheiden. Erziehung ist Einstellungssache. Auch wenn manche Menschen immer wieder meinen, sich einmischen zu müssen. Selbst bei den kleinsten Dingen. Für konstruktive Kritik oder Tipps bin ich offen, aber manchmal fehlt manchen auch das Gesamtbild, um sich ein Urteil bilden zu können. Das hält sie aber keinesfalls davon ab, ihre Meinung kundzutun. Einmal verbrachte ich mit meinem Bruder ein paar Tage in Miami. Damals war Ludwig etwa ein halbes Jahr alt. Sebastian entdeckte in einem Geschäft kleine Kinderschuhe und kaufte sie für Ludwig. Abgesehen davon, dass die Schuhe einfach niedlich aussahen, fand ich die Idee meines Bruders herzerwärmend. Ich zog Ludwig die Schuhe an, postete ein Bild der Füße (niemals das Gesicht!) und erntete einen üblen Shitstorm dafür, dass ich einem kleinen Kind festes Schuhwerk anzog. Und genau das meine ich mit dem fehlenden Gesamtbild. Ich fand es eine nette Geste meines Bruders, und der Post war ein Zeichen meiner Wertschätzung. Dass manche dann meinen, mich sofort beleidigen zu dürfen, ist schade, aber derartige Reaktionen gehen dann auch einfach an mir vorbei.

Man sollte insgesamt etwas toleranter gegenüber den Erziehungsmethoden anderer sein. Jeder Mensch wächst anders auf, wird anders geprägt, legt auf andere Dinge wert und erzieht dementsprechend auch anders sein Kind. Manche streben danach, sich bei der Erziehung der eigenen Kinder von den Eltern abzugrenzen, andere orientieren sich gerade an den Überzeugungen des Elternhauses. Ich glaube, jede Mutter will das Beste für ihren Schützling und der Persönlichkeit des Kindes entsprechend sollte sie die Erziehung gestalten. Ludwig beispielsweise braucht immer die Gewissheit, dass ich da bin. Wenn ich beruflich für ein oder zwei Tage wegmuss, weiß ich genau, dass ich ihn nur bei meinen Eltern lassen kann. Da fühlt er sich geborgen und bekommt die Routine, die er braucht. Er möchte immer das Gleiche essen, er steht zur gleichen Zeit auf und schläft am liebsten um die gleiche Zeit. Routine ist für jedes Kind wichtig, aber er braucht sie besonders. (Von wem er das wohl hat?) Auch ist er dann glücklich, wenn andere Kinder in der Nähe sind, mit denen er spielen kann. Er ist da offen und nicht darauf fixiert, nur bei mir zu sein oder nur mit mir zu spielen. Da kommt es schon mal vor, dass ich einfach links liegen gelassen werde. Manchmal tut das ein bisserl weh und ich muss zwei- oder dreimal schlucken. Allerdings komme ich dadurch auch gar nicht erst in Versuchung, übervorsichtig mit ihm zu sein. Ludwig würde das vom Charakter her gar nicht zulassen. Trotzdem muss er wissen, dass ich da bin. Er scannt den Raum, sucht mich mit seinem Blick, sieht mich – ah, alles ist gut, er kann weiterspielen. Zum Schlafen braucht er mich aber, oder wenn er Hunger hat oder es ihm nicht gut geht. In manchen Punkten bin ich eben doch unentbehrlich. Gott sei Dank.

Viel Liebe, sehr viel Verständnis und Konsequenz – das ist mein persönliches Rezept in der Erziehung. Wenn ich nein sage, heißt es nein. Bei gewissen Dingen denke ich mir natürlich, das muss zwar nicht sein, aber wenn Ludwig seinen Willen durchboxen will, soll er ihn durchboxen. Wenn wir beispielsweise irgendwo hingehen und er möchte gerne seine Autos mitnehmen. Ich weiß, dass er dann wahrscheinlich wieder mindestens ein Auto verlieren oder vergessen wird, aber gut, es ist seine Entscheidung, dann soll er die Autos mitnehmen. In anderen

Fällen bleibe ich konsequent. Er darf nicht vom Tisch aufstehen, bis er aufgegessen hat. Genauso verhält es sich beim Zähneputzen, da gibt es kein links und rechts. Wenn etwas zu tun ist, und ich möchte, dass sein Fokus auf dieser Sache liegt, beharre ich darauf.

Allein aufgrund der beruflichen Gegebenheiten bin ich das Elternteil, das am meisten zu Hause ist. Ich liebe diese Aufgabe und es erstaunt mich immer wieder, wie mich dieser kleine Mensch auf Trab halten kann. Als Ludwig knapp ein Jahr alt war, hatte er bereits dreimal einen Infekt der Atemwege, das RS-Virus, hinter sich. Weil die Wahrscheinlichkeit für Asthma durch eine solche Infektion wächst, gingen wir zum Arzt. Bei einem Kleinkind gestaltet es sich schwierig, einzuschätzen, ob es Asthma hat, aber es spricht bei Ludwig alles dafür. Als Mutter macht es mich traurig, dass mein Sohn mit dieser Krankheit leben muss. Gerade weil ich selbst als Kind lernen musste, mit Asthma zu leben und dabei viele Einschränkungen in Kauf nehmen musste. Das wünscht sich niemand für das eigene Kind. Dazu kommt natürlich auch einfach die Angst, dass meinem Sohn etwas zustoßen könnte.

Deutschland ist meiner Erfahrung nach kinderfreundlicher als allgemein gerne behauptet. Aber es gibt noch einiges zu tun. Es mangelt zum Beispiel vielerorts an Spielplätzen, und manchmal braucht eine Mutter nichts mehr als einen Spielplatz, auf dem sich das energiegeladene Kind auspowern kann, damit es abends müde und ausgeglichen ins Bett fällt. Auch in Restaurants und Cafés wünschte ich mir etwas mehr Respekt und Verständnis gegenüber Kindern. Oder im Flugzeug. Einmal musste ich mit Ludwig eine Flugreise antreten. Damals war er sieben Monate alt. Wir saßen im Flieger und irgendwann bemerkte ich, dass er sein großes Geschäft gemacht hatte. Ich ging auf die Bordtoilette. Es war dort so unglaublich eng, sodass es unmöglich war, ein Baby zu wickeln, ohne alles schmutzig zu machen, und das wollte ich nun auch keinem anderen Fluggast zumuten. Ich wickelte Ludwig also auf dem Boden vor der Toilette und wurde dafür von einem Stewart mehr als deutlich in die Schranken gewiesen. Ich solle es doch bitte unterlassen, mein Kind im Flugzeug zu wickeln, das sei eklig. Man darf also die Windel seines Babys auf einem dreistündigen Flug nicht wechseln? Ein Baby für mehrere Stunden in einer vollen Windel zu lassen, ist nicht eklig? Zudem höchst unangenehm für das Kind? Ich fühlte mich wie in einem falschen Film! Ich machte dem Flugbegleiter klar, dass dies keine Option sei und damit war die Sache auch erledigt.

Grundsätzlich würde ich mir in derartigen Situationen mehr Verständnis wünschen. Kinder haben noch kein Gefühl dafür, wo man sich wann wie zu benehmen hat. Sie plappern auf einmal in der Kirche in die Stille hinein oder machen eine Szene im Restaurant. Natürlich würde ich mir manchmal wünschen, dass Ludwig sich anders verhält, aber als Kind lernt man all diese Dinge ja erst und fängt an, sich in die gesellschaftlichen Normen einzugliedern. Ich versuche die Menschen daran zu erinnern, dass sie selbst auch einmal Kind waren und diese Phasen durchlebt haben. Wenn ich unangenehme Reaktionen erlebe, halte ich mich meistens zurück und denke nur: Schade, wenn Menschen so sind.

Wenn ich mir unsere Welt ansehe, macht es mir schon Sorge, wie es in zehn, dreißig oder fünfzig Jahren aussehen wird und wohin wir uns entwickeln werden. Als Mutter frage ich mich, in was für einer Welt mein Sohn einmal leben wird. Wären wir Menschen alle etwas glücklicher mit uns selbst, gäbe es weniger Hass, weniger Krieg und weniger Neid, und wir könnten vielleicht in einer besseren Welt leben, als wir sie heute kennen. Eigentlich wohnen wir auf einem wundervollen Planeten, aber wir schaffen es einfach nicht, uns dessen bewusst zu sein und entsprechend zu verhalten. Weil wir zu bequem und uneinsichtig sind.

18
Von 0 auf 100 und zurück auf 0

 cathyhummels ✓ • **Folgen**
Munich, Germany · · ·

 cathyhummels ✓ Positiver Fakt zu
Corona: In Zeiten der Krise halten wir
ALLE zusammen. Auch wenn wir vor
neue Herausforderungen gestellt
werden. Ich musste gestern auch
eine sehr schwere Entscheidung.
Verrate ich euch später. Aber mir ist
sofort dieser enorme Zusammenhalt
aufgefallen, dass ich mich jetzt dazu
entschlossen habe, jeden Tag was
Optimistisches für euch zu posten.
Jeden Tag überlege ich mir was mich
heute freut und für was ich dankbar
bin und teile es mit euch. Kennt ihr
das Sprichwort: „Am Ende wird alles
gut!" Egal wir hart es wird, wenn wir
eine Gemeinschaft sind, dann
schaffen wir alles. Wenn wir uns
maximal unterstützen, dann meistern
wir die Krise leichter. Weil am Ende,
irgendwann, wird alles gut. ❤️
#positivevibes Foto: @timmeymay

16 Wo.

Gefällt 9.676 Mal
13. MÄRZ

Die Chance auf die erste große Moderation einer eigenen
Sendung tat sich im Dezember 2019 auf, gedreht werden sollte
in Thailand. Ich wurde kurzfristig zu einem Casting eingeladen, war eigentlich auch ganz guter Dinge nach dem Termin,
dann hörte ich erst mal aber nichts mehr. Okay, das kannte
ich: Erst das Schweigen im Walde, bis sich das Management

irgendwann meldet und mitteilt, die Caster hätten sich anderweitig orientiert. Dieses Mal kam es anders.

Drei Wochen bevor der Job in Thailand starten sollte, rief mein Management an und teilte mir mit, der Sender wolle mich unbedingt haben. Ich war baff, überwältigt, stolz. Endlich zahlte sich die harte Arbeit der letzten Jahre aus, die vielen Coaching-Stunden und Moderationstrainings und die Tatsache, dass ich mich von all dem Gegenwind nicht hatte unterkriegen lassen. Ich hatte im Casting als Cathy überzeugt. Nicht als die Frau von, nein, ich war als Cathy gebucht worden. Das war ein schönes Kompliment. Ich konnte es gar nicht erwarten, diese Herausforderung anzunehmen.

Drei Wochen später, am 11. Februar 2020, saß ich im Flieger. Mit dabei natürlich mein Sohn. Es kam für mich von Anfang an nicht infrage, ihn einen Monat lang zu Hause in Deutschland zu lassen (auch wenn er sich bei meinen Eltern sicher wohlgefühlt hätte). Leider musste er dann aber aus gesundheitlichen Gründen (Allergien und Asthma) verfrüht zurück, sodass ich die letzte Woche ohne ihn aushalten musste. Leicht war das nicht. So lange waren wir noch nie voneinander getrennt gewesen und deshalb war ich auch glücklich, als es am 13. März zurück nach Deutschland ging.

Insgesamt war es eine Zeit, die ich nicht missen möchte. Wie so oft waren aber auch bei diesem Abenteuer die hässlichen Kommentare auf Instagram nicht ausgeblieben. Ausgelöst durch einen Post, in dem ich berichtete, dass ich für ein paar Wochen im Ausland arbeiten würde:

»Moderne Frau hin oder her, wenn ich so ein Leben führen will, brauch ich doch erst gar nicht heiraten. Getrennte Wohnungen, ständig unterwegs. Da bleibt man doch am besten Single. Und wenn man ständig

208

in der Öffentlichkeit steht, muss man sich auch über negative Kommentare nicht wundern.«

»Wie lange macht ein Kind es mit quer durch die Welt fliegen zu müssen. Es tut mir leid denn immer wieder kommt der Eindruck auf, dass man nicht in der Lage ist sein Leben auf die Bedürfnisse eines Kindes einzustellen. Schade für den Kleinen.«

Ja, man kann es nie allen recht machen. Das weiß ich mittlerweile. Auffallend war, dass ich dafür angegangen wurde, als Mutter meiner Arbeit nachzugehen und deshalb meinen Sohn für einen Monat mit auf »Geschäftsreise« zu nehmen. Und nur um das einmal klarzustellen: Ludwig war mehr als gut umsorgt, sowohl in der Zeit, die ich bei ihm war, als auch in der Zeit, in der ich arbeiten musste. Ich erklärte also in einem Post kurz vor Antritt der Reise, dass sich die meisten Menschen bei einem Mann wohl kaum die Frage der Vereinbarkeit von Job und Elternrolle stellen würden. Bei einer Frau und Mutter aber schon. Das verstehe ich nicht und das akzeptiere ich auch nicht.

Ganz oft bekomme ich Gegenwind von weiblichen Followern, und jedes Mal denke ich: Wir Frauen sollten doch eigentlich zusammenhalten. Natürlich betrifft dieses Problem nicht nur mich, vielmehr ist es Symptom eines tief in unserer Gesellschaft verankerten, veralteten Frauenbildes. Auch wenn wir es in vielerlei Hinsicht geschafft haben, uns zu emanzipieren, so fehlt es oft an Toleranz unter Frauen und Müttern untereinander, nur weil sie unterschiedliche Lebensstile pflegen. Sie sollten sich unterstützen, anstatt sich anzufeinden und zu beschuldigen, und sich mit mehr Offenheit, Verständnis und Empathie begegnen. Ich bin der festen Überzeugung, dass jede Mutter nur das Beste für ihr Kind möchte, unabhängig davon, wie ihre privaten und beruflichen Ambitionen sind und wie sie ihren Alltag gestaltet. Hätte ich Ludwig für vier Wochen zu Hause gelassen, hätte man sich sicherlich genauso aufgeregt.

cathyhummels ✔ • Folgen   ...

cathyhummels ✔ Show 5 ✅ - Gute Nacht meine Lieben! Dieses Bild hat für mich irgendwie was ... die Schatten spielen mit meinem Gesicht und meinem Kleid. Von außen kann man nie in einen Menschen reinsehen. Und um ehrlich zu sein. Die letzten Tage ging es mir nicht wirklich gut. Aber ich versuche immer stark zu sein und nicht den Mut zu verlieren. Schließlich soll euch mein Profil Freude machen. 😊 Aber Bilder täuschen oft über das hinweg was eigentlich in einem vorgeht. ❤️

18 Wo.

Gefällt 8.147 Mal
29. FEBRUAR

In Thailand durfte ich für RTL2 eine mehrteilige Realityshow moderieren und konnte mich auf ein großartiges Team verlassen, das mich stützte und förderte. Aus dem Arbeitsteam wurde schon bald eine kleine Familie, und so sehr ich mich auch auf zu Hause, auf Mats und Ludwig und meine Eltern freute, so schwer fiel es mir am Ende doch auch, meine neu gewonnene Wahlfamilie zu verlassen. Allein die Chance zu bekommen, ein mir bis dahin unbekanntes Land kennenzulernen, war großartig. Die Freundlichkeit der Menschen, ihr Lächeln, haben einen bleibenden Eindruck bei mir hinterlassen. Ein bisschen davon könnten wir in Deutschland auch manchmal gebrauchen. Leider ging es mir gesundheitlich und mental zeitweise gar nicht gut, und ich musste regelrecht kämpfen, die Tage zu meistern und einen guten Job abzuliefern.

An dem Abend, als ich dieses Foto veröffentlichte, ging es mir wirklich schlecht. Ich litt unter starken Magenprobleme und war völlig fertig. Doch sieht man mir den inneren, den wahren Zustand auf dem Bild nicht an. Man sieht ein schickes Kleid, tolles Make-up und schönes offenes Haar. Die Seele aber erblickt man nicht. Nur eine Oberfläche. Bilder können, genau wie Worte, täuschen. Die Welt der sozialen Medien kann trügen, kann lügen. Was ist echt, was ist Schein, fragte ich mich angesichts meines Zustands. Die Welt im Netz ist manchmal schon verrückt.

Durch die Nachrichten bekam ich natürlich mit, was sich während meiner Abwesenheit in Deutschland und im Rest der Welt abspielte. In Thailand liefen die Maßnahmen gegen Corona noch sehr entspannt ab. Es wurde zwar überall Desinfektionsmittel aufgestellt, ansonsten spürte ich hier aber nicht viel von der Krise. Das änderte sich schlagartig mit meiner Rückkehr nach Deutschland. Plötzlich stiegen die Fallzahlen auch hier, eine Push-Nachricht jagte die andere und dann verordnete die Politik massive Einschränkungen unseres Alltags. Kurz darauf war das Leben in Deutschland nicht mehr das, was es ein paar Tage zuvor noch gewesen war. Die Stimmung war eine völlig andere, das Stadtbild hatte sich geändert, eine seltsame Stille machte sich breit, geprägt von Unsicherheit und Fragen, die niemand genau zu beantworten imstande war.

In der Zeit, als das Virus Deutschland in den Ausnahmezustand versetzt hatte, fühlte ich mich sehr allein. Mein Mann in Dortmund, meine Familie in Unterschleißheim, keine Treffen mit Freunden – so ging es allen in dieser Zeit. Ich wünschte mir, meine Familie wiederzusehen und mich mit meinen Freundinnen zu treffen, und ich wünschte mir auch für Ludwig, dass er seine Freunde wiedersehen könnte. Ludwig ist ein quirliger Junge, der es liebt, mit anderen herumzutollen, zu spielen und sich zu raufen. Und ein Kind in seinem Alter versteht nicht, warum sich sein Alltag plötzlich so drastisch ändert. Es machte mich wirklich traurig zu sehen, dass er offensichtlich nicht ausgeglichen, nicht zufrieden war.

Die meisten Menschen, denen ich in diesen Tagen begegnete, gingen entspannt mit der ungewohnten Situation um. In Krisenzeiten zeigt sich das wahre Gesicht eines Menschen, sagt man, was aber leider auch zutrifft. Man spürte, dass die Unsicherheit manche aggressiv und intolerant machte. Eine kleine Alltagssituation, die eigentlich symptomatisch war: Ich war mit meinem Sohn in einem Supermarkt einkaufen. Als ich eine Sekunde mal nicht aufpasste, griff Ludwig, verspielt wie er ist, in den Einkaufskorb einer anderen Kundin. Diese flippte völlig aus, blaffte zuerst Ludwig lautstark an und anschließend mich. Was ich denn für eine verantwortungslose Mutter sei! Obwohl ich mich sofort entschuldigte und den Griff ihres Einkaufskorbs mit meinem Desinfektionsmittel säuberte, gab sie keine Ruhe. Dabei war ja nichts Schlimmes passiert.

Man spürte, dass die Nerven bei vielen im Lauf der Wochen zunehmend blank lagen. Die Maßnahmen zwangen die allermeisten Familien dazu, plötzlich den ganzen Tag gemeinsam auf engem Raum zu verbringen, wodurch die Gefahr der häuslichen Gewalt stieg. Ich möchte mir gar nicht ausmalen, was in einigen Haushalten vor sich ging. Das allgemeine Wohl der Kinder machte mir in dieser Zeit am meisten zu schaffen.

Ich hätte mir nie vorstellen können, dass unser Land, Europa, viele Länder der Welt lahmgelegt werden könnten. Das, was die Krise nach sich zieht, ist nicht absehbar. Meiner Meinung nach navigiert unsere Regierung das Land verantwortungsvoll durch diese Zeit, auch wenn die Maßnahmen für alle eine enorme Belastung darstellen, psychisch, wirtschaftlich, vielfach existentiell. Diese Überzeugung schützt nicht vor Angst und Traurigkeit. Angst zu haben, wütend zu sein, Traurigkeit zu verspüren – das sind legitime Reaktionen auf eine Situation, die unsere Welt auf den Kopf stellt.

Die Angst vor Ansteckung treibt mich dabei gar nicht so sehr um. Natürlich halte ich den vorgegebenen Abstand ein, trage Schutzmaske, bewege mich vorsichtig. Herausfordern möchte ich das Schicksal natürlich nicht, aber ich habe auch keine Panik, dass es mich treffen könnte. Obwohl meine Tante und mein Onkel zu Beginn der Krise positiv getestet wurden. Sie haben sich aber nach einem relativ unschönen Krankheitsverlauf vollständig erholt. Vorsichtshalber ging ich damals zu meinem Hausarzt, der mir riet, erst einmal abzuwarten, ob sich Symptome bei mir zeigen würden. Nach zehn Tagen gab er Entwarnung und sagte, auch ohne einen Test könnte ich mit hoher Wahrscheinlichkeit davon ausgehen, nicht infiziert zu sein. Damit hatte ich auch gerechnet, aber sicher ist sicher. Ich habe aber weiterhin Sorge um meine Eltern und meine Großmutter. Meine Oma hält sich strikt an die Regeln und wir achten sehr darauf, dass sie gut versorgt ist und sich möglichst wenig draußen bewegen muss. Wir telefonieren oft, trotzdem ist es traurig, dass wir uns nicht treffen oder in den Arm nehmen können. Sie ist jetzt fünfundachtzig, ein Alter, in dem Zeit einen anderen Stellenwert bekommt, sie wird kostbarer und es gilt, jeden Tag so schön wie möglich zu gestalten. Mit der Reduzierung sozialer Kontakte auf ein Minimum nimmt man gerade älteren, alleinstehenden Menschen eine Kernfreude des Alltags. Was ist also schlimmer, das Virus oder die Vereinsamung? Die Antwort darauf fällt, zumindest mir, nicht leicht. Ich hoffe, dass sich alles wieder normalisiert, dass die Medizin bald einen Impfstoff findet und wir alle wieder normal leben können.

Aber was ist schon normal in dieser Welt? Natürlich hatte das Virus auch für meine beruflichen Vorhaben Auswirkungen, wobei es vermessen wäre, darüber zu klagen, angesichts der vielen Schicksale, die es richtig hart trifft. Moderationsjobs wurden abgesagt, und ich frage mich, wie es generell in meiner Branche weitergeht. Gleichzeitig muss ich zugeben, dass mein Körper die Zwangspause bitter nötig hatte und sich freute, herunterzufahren und die Batterien aufzutanken. Der Shutdown des öffentlichen Lebens bringt auch einen Wandel des kreativen Outputs mit sich. Das Internet mutierte zeitweise zur Hauptplattform von Kunst und Unterhaltung jeglicher Qualität. Ich produzierte für meine Follower Koch- und Workout-Videos und gab mir Mühe, möglichst viele positive Vibes nach draußen zu senden, um die, die zu Hause saßen, in dieser nicht einfachen Situation ein wenig zu unterstützen und zu stärken.

Für eine besondere Aktion kontaktierte ich meinen Hausarzt und langjährigen Freund Dr. Julian Maurer. Uns war aufgefallen, wie viel Unsicherheit und Angst zu Beginn der Krise beim Thema Covid-19 herrschten, und er beantwortete auf meinem Instagram-Kanal die Fragen der User. Mit dem Ziel, etwas mehr Klarheit zu geben und den Menschen ein wenig die Ängste zu nehmen.

Mein Alltag zu Corona-Zeiten war, wie bei vermutlich den meisten, recht eintönig. Ich verbrachte die Tage zu Hause mit meiner Familie. Ludwig und ich spielten zusammen, bis uns die Decke auf den Kopf fiel, ich kochte, probierte unzählige neue Rezepte aus, und zwischendurch saß ich am Laptop und machte das, was nun alle machten: Homeoffice. Ich versuchte, die Zeit so gut es geht zu nutzen und für meine Community präsent und positiv zu sein.

19
Auch ein Umweg führt zum Glück

 cathyhummels ✔ • Folgen ···

 cathyhummels ✔ Happy Birthday 🧡 - seit seinem 18 Lebensjahr feiern wir gemeinsam. Jetzt bist du auch im Club der 30 er angekommen 😍🐝! Ich bin stolz auf das was DU bist und auf was WIR sind = 🧡

81 Wo.

Gefällt 45.954 Mal

16. DEZEMBER 2018

Ich hatte das große Glück, meinen Mann im Alter von neunzehn Jahren kennenzulernen, und mittlerweile ist er seit dreizehn Jahren an meiner Seite. In der Liebe musste ich also keinen Umweg nehmen. Und dafür bin ich sehr dankbar, denn den Menschen fürs Leben zu finden, ist schicksalhaft. Mit neunzehn Jahren war ich eher ein Spätzünder; mein heutiger Mann war auch mein erster Freund. Seitdem ich vierzehn war, wollte ich eine Beziehung, und zwischendurch verlor ich fast den Glauben daran, dass mal ein Mann vorbeikommt, den ich mag, der mich mag und bei dem die Chemie stimmt. Gefühlt befand ich mich permanent auf der Suche, doch der berühmte Deckel ließ auf sich warten. Viele meiner Freundinnen gingen auf Dates und sammelten Erfahrungen. Ich jedoch musste jemanden wirklich mögen, um mit ihm auszugehen. Ganz oder gar nicht, so war ich schon immer.

Ich werde oft von meinen Followern gefragt, wie man das hinbekommt in einer Beziehung, wie wir das hinbekommen. Heute sind knapp siebzehn Millionen Deutsche Singles, mehr als jemals zuvor, und jeder vierte Deutsche möchte seinem Singledasein ein Ende bereiten. Freundeskreis und Online-Dating sind inzwischen die beliebtesten und auch erfolgreichsten Verkuppler. Es ist schon erstaunlich, wie sich das Dating-Verhalten der Menschen in den letzten Jahren verändert hat. Einerseits ist das Online-Dating eine effektive und bequeme Möglichkeit, Leute kennenzulernen, andererseits ist es schade, dass das klassische Date in den Hintergrund gerückt ist. Das erste Date findet heutzutage meist digital statt. Man schreibt, albert herum, schickt Bildchen und Videos, immer mit Sicherheitsabstand durch das digitale Medium. Klar, es fügt sich in unseren Zeitgeist ein und in die Welt von Social Media, trotzdem ist dadurch ein Stück Romantik verloren gegangen.

Wenn ich mich in Einzelfällen zu dem Thema Beziehungen äußere, spreche ich darüber, wie wichtig eine gute Basis zwischen den Beziehungspartnern ist und was eine gute Beziehung überhaupt ausmacht. Ich bin davon überzeugt, eine gesunde Partnerschaft lebt davon, dass man nie den Respekt für den anderen verliert. Dieser Respekt muss von Beginn an vorhanden sein, und er muss bleiben, nur dann hat die Beziehung Bestand. Auch ist es wichtig, dass sich jeder klarmacht: Ich habe meine Macken und mein Partner hat seine Macken. Eine meiner Macken ist: Im Streiten bin ich eine absolute Niete. Ich mag es nicht zu streiten, ich finde es sinnlos und dumm. Klar, ich bin auch manchmal sauer und dann kochen die Emotionen hoch, aber wer die verbale Auseinandersetzung sucht, ist bei mir an der falschen Stelle.

Es gibt weder den perfekten Mann noch die perfekte Frau. Vielleicht kommt man hin und wieder an den Punkt, dass man sich nach etwas anderem sehnt. In solchen Momenten muss man sich klarmachen, dass kein Mensch perfekt ist und jeder seine Fehler hat. In Beziehungen geht es auch darum, sich zu verständigen, Kompromisse einzugehen und die Fehler des anderen zu akzeptieren. Das ist nicht immer leicht, aber ich glaube, wenn man den einen Menschen gefunden hat, bei dem man ein gutes Gefühl hat, den man liebt, mit dem man Spaß hat, mit dem man reden kann, dem man vertraut und bei dem man so sein kann, wie man ist, dann ist das unglaublich wertvoll. All diese Dinge sind wichtiger als die ständige Abwechslung, der Nervenkitzel des Neuen.

Ich habe einige Umwege im Leben nehmen müssen, um an den Punkt zu kommen, an dem ich heute stehe. Manch einen davon hätte ich mir lieber erspart, lehrreich aber waren sie alle. Dass ich in Zukunft immer die geraden, die richtigen Wege beschreiten werde, kann ich nicht garantieren. Meistens erkennt man das auch erst im Nachhinein. Und ehrlich gesagt, bin ich mir auch gar nicht sicher, ob ich das möchte. Oder um es mit einem Zitat von Mark Twain zu sagen: »Gegen Zielsetzungen ist nichts einzuwenden, sofern man sich dadurch nicht von interessanten Umwegen abhalten lässt.«

Also, seid mutig, geht raus und *findet euren* (Um)Weg zum Glück! Ich wünsche, meine Geschichte kann euch dabei ein bisschen helfen!

Danke

Dieses Buch wäre ohne die tatkräftige Unterstützung vieler Menschen nicht möglich gewesen. Daher gilt mein Dank an dieser Stelle in erster Linie meiner Familie, meinem Mann Mats und meinem Sohn Ludwig, meinen Eltern Alfred und Marion Fischer, meiner Schwester Vanessa und meinem Bruder Sebastian, der aus ärztlicher Sicht einen wichtigen Beitrag zum Thema Depressionen in dem Buch geleistet hat. Ich danke meine Freundinnen Jessica, Steffi und Maria dafür, dass ich mich in allen Lebenslagen zu hundert Prozent auf sie verlassen kann. Für die vertrauensvolle Zusammenarbeit auch in schwierigen Corona-Zeiten danke ich meinen beiden Co-Autoren Olaf Köhne und Peter Käfferlein, Valerie Gorris für redaktionelle Unterstützung sowie Stefan Mayr und dem gesamten wunderbaren Team vom Benevento Verlag.

221

ANHANG

1
Wie finde ich (m)einen
ambulanten Psychotherapeuten?

Der folgende Leitfaden wurde größtenteils von Ärzten aus der Schön Klinik Roseneck verfasst und dient dazu, Patienten vor der Entlassung bei der Therapeutensuche zu unterstützen.

Über folgende Wege können Sie Adressen von ambulanten Psychotherapeuten bei Ihnen vor Ort ermitteln:

* Der **Hausarzt/behandelnde Arzt** oder **Psychiater/Neurologe** hält manchmal Adressen bereit.
* Ihre **Krankenkasse** hat manchmal Listen der zugelassenen Therapeuten aus der näheren Umgebung.
* Die **Kassenärztliche Vereinigung** Ihres Bundeslands bietet im Internet unter **Arztsuche** die Möglichkeit, auch Psychotherapeuten zu suchen. Manchmal gibt es ebenfalls **Beratungstelefone**, die freie Therapieplätze für Sie bereithalten.
* Über die Internetseite der Kassenärztlichen Bundesvereinigung gelangen Sie zur Arztsuche in Ihrem Bundesland unter www.kbv.de.
* Die **Psychotherapeutenkammer** Ihres Bundeslands bietet ebenfalls eine **Psychotherapeutensuche** und nähere Informationen zum Thema Therapie.

- Über die Internetseite der Psychotherapeutenkammer gelangen Sie zur Therapeutensuche in ihrem Bundesland unter www.psychotherapeutenkammer.de.
- Der Psychotherapieinformationsdienst bietet auf seiner Homepage neben Informationen rund um das Thema Psychotherapie auch eine Suchmaschine für die Therapeutensuche an unter www.therapiesuche.de.
- Die **Unabhängige Patientenberatung Deutschland** (UPD) bietet mit dem kostenlosen Beratungstelefon bundesweit ebenfalls Hilfe bei der Suche nach Psychotherapeuten an von Montag bis Freitag von 10–18 Uhr.
- Natürlich können Sie auch das Telefonbuch oder die Gelben Seiten zurate ziehen.

Wenn Sie vor der Entscheidung stehen, eine ambulante Psychotherapie anzutreten, werden Sie vor mehrere Fragen gestellt. Wir haben versucht, Ihnen dafür im Folgenden einen kurzen Ratgeber an die Hand zu geben.

1. Wird eine ambulante Psychotherapie von meiner Krankenkasse übernommen?

Zuerst müssen Sie feststellen, ob Ihre Krankenkasse eine ambulante Psychotherapie als medizinische Leistung übernimmt (das ist bei allen gesetzlichen Krankenkassen und den meisten privaten Versicherungen der Fall). Einzelne private Krankenversicherungen schließen dagegen Psychotherapie in ihren Verträgen ausdrücklich aus oder bieten eine Möglichkeit an, diese abzuwählen. Schauen Sie deshalb bitte zunächst in Ihrem Vertrag nach. Im Zweifelsfall ist eine kurze Rückfrage bei Ihrem zuständigen Sachbearbeiter sinnvoll. Oftmals ist dieser dann auch behilflich bei der Suche nach einem qualifizierten und von der Krankenkasse anerkannten Psychotherapeuten. Weitere Informationen finden Sie u.a. auf der Homepage der Bundespsychotherapeutenkammer BPtK www.bptk.de.

2. Woran erkenne ich einen qualifizierten und erfahrenen Therapeuten?

Die Vielfalt psychotherapeutischer Angebote und Qualifikationen ist für den Laien praktisch nicht überschaubar. Sie sollten daher über einige wichtige Dinge Bescheid wissen.

Seit der Einführung des Psychotherapeutengesetzes (1998) ist die Berufsbezeichnung »Psychotherapeut« gesetzlich geschützt. Dies hat den Vorteil, dass niedergelassene Psychotherapeuten, ob es nun Ärzte oder Psychologen sind, zusätzlich zu ihrem Universitätsabschluss über eine qualifizierte Ausbildung verfügen müssen. Die Arbeit der niedergelassenen Ärzte und psychologischen Psychotherapeuten wird von den Kassenärztlichen Vereinigungen (KV) des jeweiligen Landes organisiert und reguliert.

Ambulante Psychotherapie wird sowohl von psychotherapeutisch tätigen Diplom-Psychologen als auch von psychotherapeutisch tätigen Ärzten angeboten. Ärzte sind in der Regel durch eine Facharztausbildung qualifiziert als:

• Fachärzte für Psychosomatische Medizin und Psychotherapie
• Fachärzte für Psychiatrie und Psychotherapie (mit überwiegend psychotherapeutischer Ausrichtung der Praxis)
• oder Ärzte mit Zusatzbezeichnung »Psychotherapie« oder »Psychoanalyse«

Die psychotherapeutisch tätigen Psychologen stellen allerdings die zahlenmäßig weitaus größere Berufsgruppe im Bereich der ambulanten Psychotherapie dar. Sie sind als Psychologische Psychotherapeuten im Rahmen der Kassenärztlichen Vereinigungen niedergelassen. Ihre fachliche Ausrichtung erkennt man am Behandlungsschwerpunkt. Üblicherweise ist das entweder »Verhaltenstherapie« oder »Tiefenpsychologie/Psychoanalyse«.

3. Welche Psychotherapieverfahren gibt es?

Folgende Psychotherapiemethoden sind als sogenannte »Richtlinienverfahren in der Psychotherapie« gesetzlich anerkannt und werden damit entsprechend auch von den Krankenkassen bezahlt (siehe Punkt 1.):

- Verhaltenstherapie
- Tiefenpsychologische Therapie
- Psychoanalyse
- Kinder- und Jugendlichenpsychotherapie (verhaltenstherapeutisch oder tiefenpsychologisch ausgerichtet, bis 18 Jahre)

Weitere Informationen finden Sie u.a. auf der Homepage der Bundespsychotherapeutenkammer BPtK www.bptk.de. Alle über die Kassenärztlichen Vereinigungen niedergelassenen und psychotherapeutisch tätigen Ärzte oder Diplom-Psychologen arbeiten nach einem dieser Hauptverfahren.

4. Wie läuft eine ambulante Therapie organisatorisch ab?

Die ambulante Therapie wird in der Regel als Einzeltherapie mit 50 Minuten pro Woche (in Ausnahmen auch mehr) angeboten. Man sitzt dabei dem Therapeuten im Gespräch gegenüber. In der Verhaltenstherapie werden auch Verhaltensübungen, sowohl mit als auch ohne therapeutische Begleitung, durchgeführt.

Wichtig!

Sie haben immer die Möglichkeit, sich innerhalb von **fünf Vorgesprächen** mit dem Therapeuten zu entscheiden, ob Sie mit ihr oder ihm eine längere ambulante Therapie beginnen wollen. Diese Vorgespräche werden üblicherweise von allen Krankenkassen unbürokratisch übernommen und bezahlt. Wenn sich danach eine ambulante Therapie als sinnvoll erweist, stellt der Therapeut einen schriftlichen Einzelantrag mit inhaltlicher Begründung und Darstellung des Therapieplanes an Ihre zuständige Krankenkasse.

Um eine sichere Entscheidung treffen zu können, kann es unter Umständen sinnvoll sein, mit zwei oder drei verschiedenen Psychotherapeuten Kontakt aufzunehmen. Hierbei geht es sowohl für Sie als auch für den Therapeuten darum, festzustellen, ob eine gemeinsame Therapie für sinnvoll erachtet wird.

Abzuklären sind dabei:

- die Erfahrung des Therapeuten im Umgang mit Ihrem Problem
- seine Bereitschaft und Möglichkeit, mit Ihnen eine Therapie auch zum gewünschten Zeitpunkt zu beginnen
- ihre Bereitschaft, sich in der Therapie zu öffnen (Motivation und Vertrauen zum Therapeuten)
- die Bereitschaft der Krankenkasse/Krankenversicherung zur Kostenübernahme

Gruppentherapeutische Angebote werden von niedergelassenen Psychotherapeuten nur selten ambulant angeboten. Ambulante Gruppentherapien, z. B. für Essstörungen, werden eher von einzelnen Beratungsstellen zur Verfügung gestellt. Auch Selbsthilfeorganisationen bieten meist krankheits- oder symptombezogene Selbsthilfegruppen an. Termine dafür werden häufig auf den Lokalseiten der örtlichen Tagespresse bekannt gegeben.

5. Wie finde ich einen Therapeuten in meiner Nähe?

Falls Sie einen behandelnden Hausarzt oder Facharzt haben, kann dieser Ihnen in den meisten Fällen weiterhelfen, da er die vor Ort tätigen Psychotherapeuten (häufig sogar persönlich) kennt.

Eine weitere Möglichkeit vor Ort bietet der Blick in das örtliche Telefonbuch unter folgenden Stichworten: Ärzte, Psychotherapie, Psychologie und psychologische Beratung.

Bereits unter Punkt 1. wurde erwähnt, dass Sie sich in vielen Fällen auch direkt an Ihre Krankenkasse oder Krankenversicherung wenden können.

Suche über das Internet

Natürlich ist auch die Recherche im Internet eine vielversprechende Option. Da jedoch die Fülle des Angebots dort nicht sehr überschaubar ist, haben wir für Sie einen kleinen Leitfaden für die Suche nach einem niedergelassenen Therapeuten im Internet erarbeitet.

Der Kassenärztliche Bundesverband hat für die Patienten aller Bundesländer im Internet einen zentralen Zugang eingerichtet, über den Sie anhand einer Landkarte der Bundesrepublik und/oder einer alphabetischen Liste schnell und bequem auf die Kassenärztlichen Vereinigungen der 16 Bundesländer weitergeleitet werden. Einzelne Bundesländer weisen zusätzlich eine eigene Arztauskunft oder Hinweise/Links auf die Internetseiten der jeweiligen Länder-KVen auf. Sie finden diesen Suchdienst entweder über Google oder unter www.kbv.de.

Auf der Seite angekommen, können Sie einfach unter den Punkten »Patienten-Info« oder »Arztsuche« bequem auf der Landkarte der Bundesrepublik das für Sie zuständige Bundesland auswählen. Sie werden dann direkt auf die Internetseite der jeweils zuständigen Kassenärztlichen Vereinigung (z.B. KV Bayern = www.kvb.de) weitergeleitet. Dort finden Sie gegebenenfalls auch die Telefonnummern der zuständigen Auskunftsstellen für die Arztsuche.

Unter Arztsuche sollten Sie in der sich öffnenden Schaltfläche die »Fachrichtung« wählen. Es stehen 4 Möglichkeiten zur Auswahl:

- Psychologischer Psychotherapeut (nur Psychologen)
- Psychotherapeutische Medizin (nur Ärzte)
- Psychotherapie (Ärzte und Psychologen)
- Psychiatrie und Psychotherapie (nur Ärzte)

Nach Auswahl der Fachrichtung genügt die Eingabe der eigenen Postleitzahl, dann kann die Suche gestartet werden – gegebenenfalls dreimal unter allen drei angegebenen Fachrichtungen suchen. Auf einer Landkarte werden Ihnen die zugelassenen Therapeuten in Ihrer Nähe angezeigt. Die kompletten Adressen finden Sie in einer Tabelle unter der Landkarte. Vereinzelt bekommen Sie dort auch schon die Spezialisierung der Ärzte oder Diplom-Psychologen (z.B. Verhaltenstherapie) angezeigt.

Suche über Telefonberatung der Kassenärztlichen Vereinigungen

Für die Suche nach niedergelassenen ärztlichen oder psychologischen Psychotherapeuten in den einzelnen Bundesländern stehen die jeweiligen Koordinationsstellen für die psychotherapeutische Versorgung telefonisch (meist kostenpflichtig) als Ansprechpartner zur Verfügung.

Über diese Koordinationsstellen haben Sie die Möglichkeit, mit einer genaueren Beschreibung Ihrer Vorstellung direkt an entsprechend qualifizierte Psychotherapeuten mit freien Therapieplätzen weitervermittelt zu werden.

2
An wen kann ich mich wenden, wenn ich Opfer digitaler Gewalt geworden bin?

Was ist digitale Gewalt?

In einer Welt, die zunehmend durch die digitalen Medien bestimmt wird, kommt es immer öfter zu Fällen von digitaler Gewalt. Sie ist mittlerweile ein weitverbreitetes Phänomen und ist eng verknüpft mit der »analogen« Gewalt. Das bedeutet, dass die reale Gewalt im digitalen Raum fortgesetzt wird, beispielsweise bei Partnerschaftsgewalt. Der Begriff umfasst verschiedene Formen der Herabsetzung, Belästigung, Diskriminierung und Nötigung anderer Menschen mit Hilfe elektronischer Kommunikationsmittel über soziale Netzwerke, in Chaträumen, beim Instant Messaging und/oder mittels mobiler Telefone. Zu den Besonderheiten digitaler Gewalt zählen:

Digitale Gewalt findet rund um die Uhr statt: Die Belästigungen enden nicht nach der Schule oder der Arbeit. Digitale Gewalt findet überall dort statt, wo digitale Medien genutzt werden, also auch zu Hause.

Digitale Gewalt erreicht ein großes Publikum: Im Internet veröffentlichte Verunglimpfungen verbreiten sich sehr schnell vor einem großen Publikum und können nur schwer gelöscht werden.

Täterinnen und Täter agieren häufig anonym: Die scheinbare Anonymität im Internet senkt die Hemmschwelle und erschwert die Möglichkeit der Rückverfolgung.

Digitale Gewalt entsteht selten spontan: Die Diskriminierung bestimmter Personengruppen wird durch Hassrede und gezielte Kommentare im digitalen Raum systematisch und bewusst weitergeführt, um einen Ausschluss bzw. Rückzug der diskriminierten Gruppen zu bewirken.

(Quelle: Bundesamt für Familie und zivilgesellschaftliche Aufgaben)

Bundesamt für Familie und zivilgesellschaftliche Aufgaben
1. Kostenlose Beratung per Telefon
2. E-Mail-Beratung über **www.dashilfetelefon.de** unter »Beratung/Online-Beratung«
3. Chat-Beratung nach Termin oder im Sofort-Chat unter »Beratung/Online-Beratung«

HateAid (hateaid.org)
Wir sind HateAid. Wir helfen Menschen bei digitalem Hass. Hass im Internet soll Menschen einschüchtern und sie mundtot machen.

Die Folge: Unsere Demokratie erodiert, wenn sich Menschen nicht mehr trauen, ihre Meinung zu sagen.

HateAid unterstützt Sie unabhängig und überparteilich dort, wo es bisher keine Hilfe gab. Mit persönlicher Beratung und Prozesskostenfinanzierung.

Hass im Netz bekämpfen, heißt dabei nicht nur Freiheit für sich zurückzuholen. Es heißt auch, ein Stück Meinungsfreiheit für andere zu erkämpfen. Wir unterstützen Sie dabei.

Helpdesk des *No Hate Speech Movement*
(www.neuemedienmacher.de/helpdesk)
Der Helpdesk bietet konkrete Hilfe beim Umgang mit Hass im Netz – man muss nur wissen, wobei genau man Hilfe braucht. Dazu ist der Helpdesk in drei große Bereiche aufgeteilt: Vorsorge, Schnelle Hilfe, Nachsorge.

Die Europarat Initiative No Hate Speech Movement wird in Deutschland von Neue deutsche Medienmacher e. V. koordiniert und gefördert vom Bundesministerium für Familie, Senioren, Frauen und Jugend im Bundesprogramm »Demokratie leben!« und anderen. Das nationale Komitee der NO-HATE-SPEECH-Bewegung ist ein breites Bündnis aus Zivilgesellschaft und Politik, das sich gemeinsam Hass und Hetze im Netz entgegenstellt. Wir zeigen, dass Hater*innen im Internet nicht in der Mehrheit sind und sind zur größten nationalen Umsetzung der internationalen NO-HATE-SPEECH-Bewegung angewachsen, an der sich weltweit 44 Länder beteiligen.

Das NHSM solidarisiert sich, klärt auf und ermutigt die schweigende Mehrheit, sich einzumischen und das Netz nicht den Hater*innen zu überlassen.

Hassmelden.de
Gemeldet. Geprüft. Angezeigt.
Inhalte, die Du für strafrechtlich relevant hältst – ab sofort auch Antragsdelikte! –, kannst Du hier melden. Wir prüfen jede Meldung unter strafrechtlichen Gesichtspunkten und leiten in Kooperation mit dem Hessischen Justizministerium Meldungen, die wahrscheinlich strafrechtlich relevant sind, an die Zentralstelle zur Bekämpfung der Internetkriminalität zur Ermittlung von Tat und Täter weiter. Vertrauliche Hinweise kannst du uns hier per Mail schicken.

Für ein angenehmeres Netz – zusammen.

WEISSER RING E. V. (www.weisser-ring.de)
Beim WEISSEN RING haben Sie vor Ort eine/-n persönliche/-n Ansprechpartner/-in. Wir unterstützen Sie dabei, aus Ihrer Situation herauszufinden.

Wir stehen an Ihrer Seite, beispielsweise durch persönlichen Beistand und Begleitung zu Gerichts- und Behördenterminen.

Es ist uns möglich, Ihnen unkompliziert Hilfe zugänglich zu machen durch

1. einen Hilfescheck für eine anwaltliche Beratung
2. einen Hilfescheck für eine psychotraumatologische Erstberatung

LOVE-Storm (www.love-storm.de)
Auf LOVE-Storm kannst Du Gegenrede online trainieren, an Aktionen gegen Hass im Netz teilnehmen, Hasskommentare melden und Dich mit anderen Aktiven austauschen. Die Angegriffenen werden geschützt, Zuschauende zur Zivilcourage ermutigt und den Angreifenden werden gewaltfrei Grenzen gesetzt. Gemeinsam stoppen wir den Hass im Netz!

MOTIVIEREND, INSPIRIEREND UND UNTERHALTSAM

Blicken Sie hinter die Kulissen dieser 50 eindrucksvollen Lebens-
geschichten und lassen Sie sich von den Erfolgsstorys auf Ihrem
Weg inspirieren!

»Interviews, die inspirieren.« *Glücksrevue*

KATHRIN MÜLLER-HOHENSTEIN & JAN WESTPHAL
VIEL ERFOLG!
384 Seiten · 14,5 × 21,0 cm
ISBN: 978-3-7109-0092-1
Hardcover · € 22,00